Exercises and Analyses
Microcontroller and Interface Technology

微机原理与接口技术
习 题 与 解 析

王晓萍◎编著

ZHEJIANG UNIVERSITY PRESS
浙江大学出版社

图书在版编目（CIP）数据

微机原理与接口技术习题与解析 / 王晓萍编著. —杭州：浙江大学出版社，2017.7(2023.1 重印)

ISBN 978-7-308-17112-0

Ⅰ.①微… Ⅱ.①王… Ⅲ.①微型计算机－理论－高等学校－教材 ②微型计算机－接口技术－高等学校－教材 Ⅳ.①TP36

中国版本图书馆 CIP 数据核字（2017）第 163679 号

微机原理与接口技术习题与解析

王晓萍　编著

责任编辑　徐　霞

责任校对　陈静毅　候鉴峰

封面设计　续设计

出版发行　浙江大学出版社
　　　　　（杭州市天目山路 148 号　邮政编码 310007）
　　　　　（网址：http://www.zjupress.com）

排　　版　杭州青翊图文设计有限公司

印　　刷　广东虎彩云印刷有限公司绍兴分公司

开　　本　787mm×1092mm　1/16

印　　张　11

字　　数　255 千

版 印 次　2017 年 7 月第 1 版　2023 年 1 月第 3 次印刷

书　　号　ISBN 978-7-308-17112-0

定　　价　36.00 元

浙江大学出版社市场运营中心联系方式：0571-88925591；http://zjdxcbs.tmall.com

前　　言

　　微控制器作为典型的嵌入式系统,广泛应用于智能仪器仪表、工业自动化测控、日常生活及家用电器等领域。因此,工科类专业如电子信息类、自动化类、仪器仪表类和计算机类均开设了与微控制器相关的课程,并且大多数课程选择以具有代表性的8051微控制器为例介绍微控制器的原理和接口技术。该类课程应用性较强,要求学生学习单片微型计算机——微控制器的体系结构、功能模块、软硬件知识,同时要求锻炼和培养学生的编程能力、系统设计和开发能力。"做习题"是学生学习过程中必不可缺的环节,它有利于学生理解教学内容,掌握课程重点,巩固课程知识体系。虽然,作者编写的《微机原理与接口技术》各章均附有部分习题,但受篇幅限制,习题的类型和覆盖面不够广。因此,作者根据多年来从事微机原理与接口技术课程教学的经验,编写了本书。

　　全文共分为四篇。第一篇为各章习题,与理论教材《微机原理与接口技术》的第1～12章相对应;各章均有判断题、选择题、填空题和简答题四种题型。第二篇为读程题、编程题和设计题,以帮助学生加强编程和设计能力,同时加强对课程各部分知识的融会贯通和学以致用。第三篇、第四篇分别提供了前面两篇的参考答案。对于第二篇的参考答案,本书给出了详细的解题思路,对于程序则给出了汇编与C51两种答案。作者在注重习题类型全面的基础上,注意与理论教材相互呼应;选题时综合考虑课程重点内容和习题难度,注重选择具有典型性和代表性的习题。

　　本书由王晓萍教授负责统稿,蔡佩君老师编写了部分习题及参考答案,梁宜勇副教授、王立强副教授提供了部分习题,已毕业的博士生陈惠滨参与了习题收集工作。本书在编写过程中参考并借鉴了一些文献资料,在此一并表示衷心感谢。

　　微控制器技术发展迅速,由于时间和触及范围有限,书中难免有疏漏与不妥之处,敬请广大读者批评指正。

作　者

2017 年 6 月

目　录

第一篇　各章习题

第二篇　读程题/编程题/设计题

第三篇　各章习题参考答案

第四篇　读程题/编程题/设计题参考答案

第一篇　各章习题

第1章

微机技术概论

1.1 判断题

1. 8 位二进制带符号数的补码表示的范围是 $-128\sim+127$。 （ ）

2. 8 位二进制无符号数表示的数值范围是 $0\sim255$。 （ ）

3. 数字计算机能够直接进行的运算只能是二进制运算。 （ ）

4. 程序存储器 ROM 和数据存储器 RAM 的作用不同，ROM 用来存放表格和程序，而 RAM 通常用来存放数据。 （ ）

5. 输入/输出设备必须通过 I/O 接口，才能与微控制器中的 CPU 进行信息交换。 （ ）

6. 8051 微控制器的存储空间采用 RAM、ROM 分开编址的哈佛结构。 （ ）

7. 十六进制数 EDH 的二进制表示为 11101100。 （ ）

8. 二进制数 00110101B 转换成 BCD 码为 01010011D。 （ ）

9. -13 的原码、反码、补码分别为 10001101B、11110010B、11110011B。 （ ）

10. 国际上通用的标准字符编码 ASCII 码有 128 个，其编码为 00H～7FH。 （ ）

11. 0～9 的 ASCII 码是其数值 $+30H$；A～F 十六进制数的 ASCII 码是其数值 $+37H$。 （ ）

12. 计算机中的 K 表示 1024，M 表示 1024K。 （ ）

13. MIPS(Million Instructions Per Second)的含义是每秒百万条指令，它是衡量 CPU 速度的一个指标。 （ ）

14. 存储器是存放二进制 0、1 信息的器件，由存储矩阵、地址译码器、驱动器三部分组成。 （ ）

15. 存储器的容量与其地址线数量有关，地址线越多，容量越大。 （ ）

16. 具有 13 条地址线的存储器芯片，其容量为 16KB(0000H～1FFFH)。 （ ）

17. 数据线 DB 是双向的，是 CPU 与存储器、I/O 接口进行信息交换的通道。 （ ）

18. 数据存储器 RAM 可随时读取或写入，断电后重新上电，原来写入的信息不会丢失。 （ ）

1.2　选择题

1. 10101.101B 转换成十进制数是_____。

    A. 46.625　　　　　　B. 23.625　　　　　　C. 23.62　　　　　　D. 21.625

2. 3D.0AH 转换成二进制数是_____。

    A. 111101.0000101B　　　　　　　　　　B. 111100.0000101B

    C. 111101.101B　　　　　　　　　　　　D. 111100.101B

3. 73.5 转换成十六进制数是_____。

    A. 94.8H　　　　　　B. 49.8H　　　　　　C. 49.5H　　　　　　D. 73H

4. 若用二进制数来表示十进制数－102,则其原码、反码、补码分别为_____。

    A. 11100110、10011001、10011010

    B. 11100110、10011010、10011011

    C. 11100110、10011010、10011001

    D. 11100110、10011011、10011010

5. 已知 X 的补码是 01111110,则 X 的真值是_____。

    A. ＋1　　　　　　　B. －126　　　　　　C. －1　　　　　　D. ＋126

6. 若 FEH 是无符号数,则其代表的数值为_____。

    A. 254　　　　　　　B. 255　　　　　　　C. 256　　　　　　　D. 258

7. 若 FEH 是带符号数,则其代表的数值为_____。

    A. －1　　　　　　　B. －2　　　　　　　C. －255　　　　　　D. －254

8. 在微型计算机和微控制器中,负数常用_____表示。

    A. 原码　　　　　　　B. 反码　　　　　　　C. 补码　　　　　　　D. 真值

9. 设某 8 位的存储器芯片有 12 条地址线,那么它的存储容量为_____。

    A. 1KB　　　　　　　B. 2KB　　　　　　　C. 4KB　　　　　　　D. 8KB

10. 存储器的地址范围是 0000H～3FFFH,它的容量为_____。

    A. 2KB　　　　　　　B. 4KB　　　　　　　C. 8KB　　　　　　　D. 16KB

11. 8 位带符号二进制数所能表示的数值范围是_____。

    A. 0～255　　　　　B. －128～＋127　　C. －127～＋128　　D. 0～512

12. 8 位无符号二进制数所能表示的数值范围是_____。

    A. 0～255　　　　　B. －128～＋127　　C. －127～＋128　　D. 0～512

1.3　填空题

1. 写出下列各无符号二进制数对应的十进制数和十六进制数。11011110B:_____、
_____; 01011010B: _____、_____; 10101011B: _____、_____;
1011111B:_____、_____。

2. 写出下列各数对应的十六进制数。224D：_____；143D：_____；01010011BCD：
　_____；00111001BCD：_____。

3. 写出下列各十进制数对应的二进制数。80.5：_____；101.375：_____；258.875：
　_____；517.0625：_____。

4. 写出下列各十六进制数对应的十进制数。67H：_____；0FEH：_____；4000H：
　_____；0A3C7H：_____。

5. 写出下列各二进制数对应的十进制数。1001011.001B：_____；1101100.101B：
　_____；11111001.111B：_____；11101101.1001B：_____。

6. 十进制数－12 的 8 位二进制原码是_____，反码是_____，补码是_____。

7. 十进制数 115 的 8 位二进制原码是_____，反码是_____，补码是_____。

8. 半导体存储器分成_____和_____两大类，其中_____具有易失性，常用于存
　储_____。

9. 微控制器是一种将_____、_____和_____集成在一个芯片中的专用微型计
　算机。

10. 微型计算机和 8051 微控制器都是通过_____、_____、_____三总线实现内部
　各功能模块之间的信息交互的。

11. 微机中的存储器通常采用_____和_____两种基本结构形式；采用的两种指令集
　体系是_____和_____。

12. 微控制器的寻址能力(范围)由_____决定。若某微控制器有 18 根地址线，则其可
　寻址的存储器空间有_____KB。

13. 对于具有 n 根地址线的存储器芯片，其存储容量为_____；若地址线为 13 根，其存
　储容量为_____。

14. 外设(输入输出设备)必须通过 I/O 接口才能与主机(或微控制器)进行信息交互，且输
　入口必须具有_____功能，输出口必须具有_____功能。

1.4　简答题

1. 若把下列数看作无符号数，它们相应的十进制数为多少？若把下列数看作带符号数的
　补码，它们相应的十进制数又为多少？
　(1)77H；　　　　　　(2)0DDH；　　　　　　(3)0FFH。

2. 用 8 位二进制数写出下列十进制数的原码、反码和补码。
　(1)－65；　　　　(2)＋95；　　　　(3)＋127；　　　　(4)－128。

3. 简述半导体存储器的基本组成结构。

4. 微机技术发展的两大分支是什么？它们的主要技术发展方向是什么？

5. 通用微型计算机系统与嵌入式计算机系统，在技术和应用等方面的主要区别是什么？

6. 何为微处理器、嵌入式系统、微控制器？为什么说微控制器是一种嵌入式系统？嵌入式
　系统有哪些特点？

7. 微控制器的存储结构有哪两种,各有什么特点?

8. 什么是 CISC 结构?什么是 RISC 结构?各有什么特点?

9. 描述微控制器的内部总线和功能。

10. 微控制器的主要性能包括哪几个方面?

第 2 章

8051 微控制器硬件结构

2.1 判断题

1. P0 口的第一功能是准双向 I/O 口,第二功能是分时复用的低 8 位地址线和 8 位数据线。　　　　　　　　　　　　　　　　　　　　　　　　　　　　　（　　）

2. 在 8051 微控制器中,为使准双向 I/O 口工作在输入方式,必须先向其输出 1。（　　）

3. 8051 微控制器中工作寄存器 R7 的实际物理地址与 PSW 中的内容有关。　（　　）

4. 8051 微控制器特殊寄存器区既可以采用直接寻址也可以采用间接寻址。　（　　）

5. MOV　SP,♯5FH 指令是将堆栈空间设置到内部 RAM 60H 单元开始。　（　　）

6. 8051 微控制器是 8 位机,但可以进行 16 位运算。　　　　　　　　　　（　　）

7. 8051 微控制器内部 RAM 中的位寻址区,既可位寻址也可字节寻址。　　（　　）

8. 8051 微控制器中的 PC 是不可寻址的。　　　　　　　　　　　　　　　（　　）

9. 第 1 组工作寄存器 R0～R7 的物理地址是 10H～17H。　　　　　　　　（　　）

10. 当 P0～P3 内部锁存器为 00H 状态时,此时它们可作为输入口使用。　　（　　）

11. 8051 微控制器复位后,CPU 将从 ROM 的 0000H 单元开始执行程序。　（　　）

12. 8051 微控制器的堆栈按照先进后出的原则存取数据。　　　　　　　　　（　　）

13. 若某特殊功能寄存器的字节地址为 80H,则它既能字节寻址,也能位寻址。（　　）

14. 执行 MOV　P2,♯0FFH 指令后,再执行 MOV　A,P2 指令,A 值一定是 0FFH。

　　　　　　　　　　　　　　　　　　　　　　　　　　　　　　　　　　（　　）

15. 当 P0 口用作输出口时,只有外接上拉电阻才能输出高电平信号。　　　　（　　）

16. 地址低位为 0 或 8 的特殊功能寄存器是可以位寻址的。　　　　　　　　（　　）

17. 在 8051 微控制器中,决定程序执行路径的是 DPTR 中的内容。　　　　　（　　）

18. 8051 微控制器有休闲 ID 和掉电 PD 两种低功耗方式,其中 ID 比 PD 更省电。（　　）

19. 复位是微控制器的一种工作方式。　　　　　　　　　　　　　　　　　　（　　）

20. 8051 微控制器复位后,堆栈区域为内部 RAM 08H 开始向上的内存单元。　（　　）

2.2 选择题

1. 8051 微控制器复位后,SP、PSW、P1 的状态为_____。

A.00H、00H、00H B.00H、00H、0FFH

C.07H、00H、0FFH D.07H、0FFH、00H

2. 下列 8051 微控制器内部单元中,既可位寻址又可字节寻址的单元是_____。

A.28H B.30H C.00H D.70H

3. CPU 的主要组成功能部件是_____。

A.运算器、控制器 B.加法器、寄存器

C.运算器、寄存器 D.运算器、指令译码器

4. 程序指针 PC 存放的是_____。

A.下一条指令的地址 B.当前正在执行的指令

C.当前正在执行指令的地址 D.下一条要执行的指令

5. 8051 微控制器的程序计数器 PC 是 16 位计数器,所以其寻址范围是_____。

A.8K B.16K C.32K D.64K

6. 若 RS1＝1,RS0＝0,则当前使用的工作寄存器组是_____。

A.第 0 组 B.第 1 组 C.第 2 组 D.第 3 组

7. 在 8051 MCU 中,反映程序运行状态或反映运算结果特征的寄存器是_____。

A.PC B.PSW C.A D.SP

8. 已知 A 的数值为 98H,将其与 0FAH 相加,则标志位 Cy、AC、OV、P 的值分别是_____。

A.0、0、0、1 B.1、0、1、0 C.1、1、1、1 D.1、1、0、1

9. 对于 8051 微控制器,设置(SP)＝0DFH 后,其堆栈空间为内部 RAM 的_____。

A.0DFH~0FFH B.00H~0FFH C.0E0H~0FFH D.08H~7FH

10. 8051 微控制器的堆栈指针 SP 总是指向_____。

A.栈底地址 B.栈顶地址 C.堆栈区的某个地址 D.07H

11. 程序计数器指针是_____,堆栈指针是_____,数据指针是_____。

A.SP,PC,DPTR B.PC,SP,DPTR

C.DPTR,PC,SP D.PC,DPTR,SP

12. 8051 微控制器的一个机器周期由_____个振荡周期组成,设系统晶振频率为 6MHz,则一个机器周期的时间是_____。

A.6,2μs B.12,2μs C.12,1μs D.6,1μs

13. 关于 8051 微控制器的堆栈操作,下列说法正确的是_____。

A.先入栈,再修改栈指针 B.先修改栈指针,再出栈

C.先修改栈指针,再入栈 D.以上都不对

14. 8051 MCU 中的 I/O 接口用作输入端口时,首先必须_____。

A. 外接上拉电阻　　　B. 端口置 1　　　　　　　C. 端口置 0　　　　　　　　　　D. 外接高电平

15. 8051 MCU 的四个并行口作普通 I/O 口使用时,属于准双向口的_____。

　　A. 只有 P1、P2、P3　　B. 只有 P1　　　　　　C. 只有 P0、P2　　　　　　D. P0~P3 都是

16. 下列属于 8051 MCU 低功耗工作方式的是_____。

　　A. 运行方式　　　　　　B. 复位方式　　　　　　C. 掉电方式　　　　　　　D. 循环方式

2.3　填空题

1. CPU 是微型计算机的核心部件,它主要由_____、_____两个部分组成。

2. 在经典 8051 MCU 的 RST 引脚上施加一个_____电平时,8051 MCU 进入复位状态;复位结束后,MCU 进入程序运行状态,CPU 从 ROM 的_____H 单元开始取指令并执行。

3. 经典 8051 微控制器内部有_____个并行口,P0 口直接作输出口时,必须外接_____;这些端口作输入口时,必须先_____,才能正确读入外设的状态。

4. 8051 微控制器具有_____和_____两种低功耗方式。

5. 在 8051 微控制器中,通用内部 RAM 中的位寻址区是_____,它们的位地址范围是_____。

6. 按使用功能,通常将内部 RAM 00H~FFH 划分为_____、_____和_____三个区域。

7. 8051 微控制器的一个机器周期由_____个振荡周期组成;设系统晶振频率是 6MHz,则其振荡周期为_____ μs,状态周期为_____ μs,机器周期为_____ μs。

8. 8051 微控制器有_____个工作寄存器组,它们的地址范围是_____;工作寄存器名为_____,可以通过改变_____进行选择;第 0 组工作寄存器对应的内存单元地址为_____。

9. 在 8051 微控制器中,凡字节地址能被_____整除的特殊功能寄存器均能进行位寻址。

10. 8051 微控制器的堆栈区只能设置在_____,其存取数据的原则是_____;堆栈寄存器 SP 是_____位寄存器,用于存放_____。

11. 程序计数器指针是_____,堆栈指针是_____,数据指针是_____;8051 微控制器复位后,它们的值分别为_____、_____和_____。

12. 在 8051 MCU 中,程序状态寄存器是_____,其中真正反映程序运行状态或运算结果特征的标志位有_____、_____、_____、_____四个。

2.4　简答题

1. 描述 CPU 的主要组成部分以及各部分的功能。

2. 描述微控制器的工作过程。

3. 8051 MCU 内部 RAM 单元划分为哪三个主要部分？各部分的主要功能是什么？

4. 简述程序状态字 PSW 的作用，以及四个常用标志的作用。

5. 程序存储器、堆栈和外部数据存储器各使用什么指针？这些指针各有什么作用？

6. 8051 MCU 的四个 I/O 端口在作通用 I/O 口使用时，需注意什么？

7. 8051 MCU 内部有哪些工作周期？分别是如何定义的？当晶振频率为 12MHz 时，各种周期分别等于多少微秒？

8. 8051 MCU 有几种工作方式？有几种低功耗方式？如何实现各低功耗方式？

第3章

8051 指令系统与汇编程序设计

3.1 判断题

1. 对 8051 微控制器中的特殊功能寄存器进行字节访问时,只能采用寄存器间接寻址方式。 （　）
2. MOVC　A,@A+DPTR 是一条查表指令,寻址空间是 ROM。 （　）
3. JBC　P1.0,rel 和 JB　P1.0,rel 均为转移指令,但它们的转移条件不同。 （　）
4. 只有对十进制加法和减法运算,才能进行十进制调整。 （　）
5. 执行 RET 指令时,返回的断点是此时堆栈顶部的内容。 （　）
6. DA　A 指令只能用在 BCD 数相加的加法指令后,才具有十进制调整的作用。 （　）
7. 访问内部 RAM 用 MOV 指令,访问片外 RAM 用 MOVX 指令。 （　）
8. 汇编语言源程序中的伪指令,在汇编时不产生机器码。 （　）
9. END 表示程序指令执行到此结束。 （　）
10. NOP 不会使微控制器产生任何操作,因此属于伪指令。 （　）
11. 8051 微控制器对外部 RAM 的访问,只能采用寄存器间接寻址方式。 （　）
12. PUSH 指令是先将 SP 内容加 1,然后再将数据压入堆栈。 （　）
13. INC 指令会影响所有的标志位。 （　）
14. 要使 DPTR 内容减 1,可以使用 DEC　DPTR 指令。 （　）
15. ORG 伪指令用于规定程序段或数据块的起始位置时,可以多次随意使用。 （　）
16. 相对转移指令中的偏移量 rel,其范围是 0～255。 （　）
17. 查表指令 MOVC　A,@A+PC 使用的表格,可以放置在 ROM 的任意区域。 （　）
18. 运用"与运算"指令 ANL,可以实现字节中任意位的清 0。 （　）
19. 运用"或运算"指令 ORL,可以实现字节中任意位的置 1。 （　）
20. 运用"异或运算"指令 XRL,可以实现字节中任意位的求反。 （　）

3.2 选择题

1. 指令系统中的寻址方式就是_____的方式。

A. 查找指令操作码
B. 查找指令

C. 查找指令操作数
D. 查找指令操作码和操作数

2. 执行指令 CLR 30H 后,结果被清 0 的是_____。

A. 30H 的最低位
B. 24H 的最高位

C. 30H 单元
D. 26H 单元的第 0 位

3. 执行 PUSH ACC 指令,8051 微控制器完成的操作是_____。

A. (SP)＋1→(SP),(A)→((SP))
B. (A)→((SP)),(SP)－1→(SP)

C. (SP)－1→(SP),(A)→((SP))
D. (A)→((SP)),(SP)＋1→(SP)

4. 欲将累加器中的高、低四位进行交换,应该选用的指令是_____。

A. XCH
B. XCHD
C. SWAP
D. RLC

5. 复位后执行 PUSH 00H,是把_____。

A. R0 的值压入 08 单元
B. 00H 压入 07H 单元

C. 00H 压入堆栈顶部
D. 00H 压入 06H 单元

6. 下列指令中,判断若 P1.0 为高电平就转 LP,否则就执行下一句的是_____。

A. JNB P1.0,LP
B. JB P1.0,LP

C. JC P1.0,LP
D. JNZ P1.0,LP

7. 下列标号中,正确的标号是_____。

A. 1BT
B. DJNZ
C. ADD
D. STAB31

8. 8051 微控制器的 P1 口用作输入口时,执行 MOV P1,♯0FFH 后再执行 MOV A,P1 指令,累加器 A 中的内容为_____。

A. 00H
B. 11H
C. FFH
D. 不确定

9. 假定累加器 A 中的内容为 30H,执行指令 1000H:MOVC A,@A＋PC 后,把程序存储器_____单元的内容送累加器 A 中。

A. 1030H
B. 1031H
C. 1032H
D. 1000H

10. 进行 BCD 码加法运算时,对加法结果进行十进制调整的指令是_____。

A. ADD
B. DA A

C. ADDC
D. 由实际程序确定

11. 已知(A)＝0DBH,(R4)＝73H,(C)＝1,执行指令 SUBB A,R4 后的结果是_____。

A. (A)＝73H
B. (A)＝0DBH
C. (A)＝67H
D. 以上都不对

12. 已知(60H)＝8H,(R0)＝60H,(A)＝7H,执行指令_____后,(60H)＝7H。

A. MOV R0,A
B. MOVX R0,A

C. DEC @R0
D. DEC R0

13. 假定(C)＝0,(A)＝56H,(R5)＝67H,执行下列指令后,A 的内容为＿＿＿＿＿＿。

　　　ADDC　A,R5　　　DA　A

　　A. 0BDH　　　　　　B. 0C3H　　　　　　　C. 23H　　　　　　　D. 123H

14. 下列指令中正确的是＿＿＿＿＿＿。
　　A. PUSH　R2　　　　　　　　　　B. ADD　R0,A
　　C. MOV　A,@DPTR　　　　　　　D. MOV　@R0,A

15. 下列指令中错误的是＿＿＿＿＿＿。
　　A. DJNZ　R0,LOOP　　　　　　　B. DJNZ　A,LOOP
　　C. DJNZ　30H,LOOP　　　　　　D. CJNE　A,≠data,LOOP

16. 在访问不同的存储空间时,应采用不同的指令。访问内部 RAM、外部 RAM、程序存储器时,分别应采用助记符为＿＿＿＿＿＿的指令。
　　A. MOVC、MOVX、MOV　　　　　B. MOVX、MOV、MOVC
　　C. MOV、MOVX、MOVC　　　　　D. MOV、MOVC、MOVX

17. 8051 微控制器中使用＿＿＿＿＿＿指令实现程序散转。
　　A. JMP　@A＋DPTR　　　　　　　B. MOVC　A,@A＋DPTR
　　C. LJMP　LI　　　　　　　　　　D. SJMP　LI

18. 下列指令中属于错误指令的是＿＿＿＿＿＿。
　　A. MOV　DPTR,≠0　　　　　　　B. DEC　DPTR
　　C. INC　DPTR　　　　　　　　　D. CPL　C

19. 若(A)＝86H,(PSW)＝80H,则执行 RRC　A 指令后结果为＿＿＿＿＿＿。
　　A. 0C3H　　　　　　B. 0B3H　　　　　　C. 0DH　　　　　　　D. 56H

20. 要使 P0 口高 4 位不变,低 4 位求反,应使用指令＿＿＿＿＿＿。
　　A. XOR　P0,≠0F0H　　　　　　B. XOR　P0,≠0FH
　　C. XRL　P0,≠0FH　　　　　　　D. XRL　P0,≠0F0H

21. 要使 P1 口高 4 位变 1,低 4 位不变,应使用指令＿＿＿＿＿＿。
　　A. ORL　P1,≠0FH　　　　　　　B. ORL　P1,≠0F0H
　　C. ANL　P1,≠0F0H　　　　　　D. ANL　P1,≠0FH

22. 若(A)＝68H,执行 XRL　A,≠98H 后,PSW 中被改变的标志＿＿＿＿＿＿。
　　A. 没有　　　　B. 有 P 标志　　　　C. 有 Cy、AC、OV 标志　D. 全部

23. 下列指令中,不影响标志位 Cy 的指令有＿＿＿＿＿＿。
　　A. ADD　A,20H　　　　　　　　B. CLR　C
　　C. RRC　A　　　　　　　　　　D. INC　A

24. SJMP　$指令跳转的偏移量范围为＿＿＿＿＿＿。
　　A. －128～127　　　B. 0～256　　　　C. 0～2047　　　　D. 0～65535

25. 执行 LCALL　4000H 指令时,8051 微控制器所完成的操作是＿＿＿＿＿＿。
　　A. 保护 PC　　　　　　　　　　B. 4000H→(PC)
　　C. 保护现场　　　　　　　　　D. PC＋3 入栈,4000H→(PC)

26. 假定(SP)＝62H,(60H)＝50H,(61H)＝40H,(62H)＝30H,(63H)＝20H,执行 RET 指令后,PC 的值为_____。

    A. 3020H　　　　　B. 3040H　　　　　C. 4030H　　　　　D. 4050H

27. 若标号 LABEL 所在地址为 1040H,则地址 1000H 处的指令 SJMP　LABEL 的转移偏移量为_____。

    A. 3EH　　　　　B. 42H　　　　　C. 40H　　　　　D. 0E0H

28. 在 R7 初值为 00H 的情况下,DJNZ　R7,rel 指令将循环执行_____次。

    A. 0　　　　　B. 256　　　　　C. 255　　　　　D. 1

29. JZ　e 的操作码地址为 1000H,e＝20H,它转移的目标地址为_____。

    A. 1022H　　　　　B. 1020H　　　　　C. 1000H　　　　　D. 101EH

30. 下列指令中,没有用到 8051 微控制器堆栈区的是_____。

    A. LCALL　　　　　B. ADD　　　　　C. PUSH　　　　　D. RET

31. 在 8051 微控制器中,伪指令 ORG　XXXX(16 位地址)的功能是_____。

    A. 用于定义字节　　　　　　　　　　B. 用于定义字

    C. 用于定义汇编程序的起始地址　　　　D. 用于定义某特定位的标识符

32. 在汇编程序中,使用伪指令的目的是_____。

    A. 指示和引导如何进行手工汇编　　　　B. 指示和引导编译程序如何汇编

    C. 指示和引导汇编程序进行汇编　　　　D. 指示和引导程序员进行汇编

33. 下列伪指令标识符写法中,写法正确的一组是_____。

    A. EQU,RETI　　　　　　　　　　　B. NOP,DB

    C. DW,ORG　　　　　　　　　　　D. DA,END

34. 使用开发环境调试程序时,对源程序进行汇编的目的是_____。

    A. 将源程序转换成目标程序　　　　B. 将目标程序转换成源程序

    C. 将低级语言转换成高级语言　　　　D. 连续执行键

35. 下面指令中,产生 WR 信号的指令是_____。

    A. MOVX　A,@DPTR　　　　　　　B. MOVC　A,@A＋PC

    C. MOVC　A,@A＋DPTR　　　　　　D. MOVX　@DPTR,A

36. 系统时钟频率为 6MHz,执行以下延时程序的时间是_____。

    ```
          DELAY:   MOV    R6,#0
    DELAYLOOP:  DJNZ   R6,DELAYLOOP
                RET
    ```

    A. 515μs　　　　　B. 1026μs　　　　　C. 1030μs　　　　　D. 513μs

37. 下列说法中,正确的是_____。

    A. 伪指令用于控制汇编过程,不生成机器码

    B. 伪指令汇编后生成可执行的机器码

    C. 每个汇编程序均从 ORG 指令开始执行

    D. 当执行到 END 时,程序结束

38. 汇编语言程序保存文件时,在"文件名"文本框中输入文件名时要输入的扩展名为_____。

    A. asm   B. c   C. h   D. exe

39. 利用 Keil 软件进行仿真调试时,运用_____方式调试,可跟踪到子程序内部并逐条执行子程序内部的各条指令。

    A. 暂停   B. 中断   C. 单步   D. 连续运行

40. 工具栏 🕮 描述的是_____。

    A. 编译修改过的文件并生成应用   B. 重新编译所有的文件并生成应用

    C. 编译当前文件   D. 编译上一个文件

41. 工具栏 🕩 描述的是_____。

    A. 运行程序,直到遇到一个中断   B. 单步执行程序,遇到子程序则进入

    C. 单步执行程序,跳过子程序   D. 连续运行

42. 工具栏 🗼 描述的是_____。

    A. 从项目中移走一个组或文件   B. 打开一个已经存在的项目

    C. 设置组或文件的工具选项   D. 编译一个文件

43. 工具栏 🕮 描述的是_____。

    A. 编译修改过的文件并生成应用   B. 编译所有的文件并生成应用

    C. 编译当前文件   D. 连续运行

44. 工具栏 🔍 描述的是_____。

    A. 开始/停止调试模式   B. 停止程序运行

    C. 设置/取消当前行的断点   D. 创建一个文件

45. 工具栏 🕮 描述的是_____。

    A. 运行程序,直到遇到一个中断   B. 单步执行程序,遇到子程序则进入

    C. 单步执行程序,跳过子程序   D. 编译当前文件

3.3　填空题

1. 指令是由_____和_____构成的;对于单字节指令,操作数隐含在_____中。

2. 8051 微控制器的指令按其功能可分为五大类:_____、_____、_____、控制转移类指令、位操作类指令。

3. 指令 CJNE　<目的字节>,<源字节>,rel;属于_____类功能指令,其操作码助记符的含义是_____。

4. 指令 DJNZ　<操作数>,rel;属于_____类功能指令,其操作码助记符号的含义是_____。

5. 在循环结构程序中,循环控制的实现方法有_____和_____。

6. 假定(SP)=62H,(61H)=30H,(62H)=70H,执行下列指令后的结果:

    POP　DPH

　　　　POP   DPL

　　DPTR 的内容为_____,SP 的内容为_____。

7. 已知(SP)＝60H,子程序 SUBTRN 的首地址为 0345H,现执行位于 0123H 的 LCALL SUBTRN 指令后,(PC)＝_____,(61H)＝_____,(62H)＝_____。

8. 设 (A)＝56H,请写出执行 ADD   A,♯6CH 后的结果：(A)＝_____;(C)＝_____;(AC)＝_____;(OV)＝_____;(P)＝_____。

9. 设(A)＝56H,(B)＝37H,请写出执行下述指令后的结果：

　　　　ADD   A,B

　　　　DA   A

　　(A)＝_____;(B)＝_____;(C)＝_____;(P)＝_____。

10. 8051 微控制器汇编语言程序有三种基本结构,分别是_____、_____ 和_____。

11. 8051 微控制器有 7 种寻址方式,分别是_____寻址、_____寻址、_____寻址、_____寻址、_____寻址、_____寻址及_____寻址。

12. 在 8051 微控制器指令系统中,direct 表示的含义是_____。

13. 子程序的现场保护通常可使用以下三种方式：_____、_____、_____。

14. 在 8051 微控制器中,能够直接寻址的空间是_____,寄存器间接寻址的寻址空间是_____。

15. 使用 Keil C 调试程序时,可以查询微控制器存储器内容,在 Address 输入框中输入_____,即可显示内部 RAM 00H 开始的单元;若要观察 ROM 0000H 单元开始的内容,则应输入_____;若要观察外部 RAM 0000H 单元开始的内容,则应输入_____。

3.4 简答题

1. 什么是指令系统、机器语言和汇编语言？

2. 8051 微控制器有哪些寻址方式？每种寻址方式使用的变量和寻址空间是什么？

3. MOV、MOVX、MOVC 指令有什么区别？它们的访问空间分别是什么？

4. 8051 MCU 内部的扩展 RAM(高 128 字节)和特殊功能寄存器具有相同的地址范围(均为 80H～FFH),请问如何解决地址重叠问题？

5. 对于内部 RAM 的低 128B、高 128B、SFR 和外部 RAM 应分别采用什么寻址方式？

6. 总结 8051 MCU 指令对标志位的影响情况。

7. 简述"DA   A"指令的十进制调整原则,以及使用时的注意点。

8. 如何确定相对转移指令中的偏移量和转移的目的地址？

9. 8051 MCU 汇编程序中伪指令的作用是什么？有哪些常用的伪指令？

10. 为什么要进行现场保护和现场恢复？试述保护现场和恢复现场的三种方法。

第 4 章

8051 的 C 语言与程序设计

4.1 判断题

1. 若一个函数的返回类型为 void,则表示其没有返回值。 （　　）
2. sbit 不可以定义内部 RAM 的位寻址区,只能用于定义 SFR 中的位寻址区。 （　　）
3. 所有定义在 main 函数之前的函数,无须进行声明。 （　　）
4. 表达式 b * =c+1 等价于 b=b * c+1。 （　　）
5. C 语言必须要有且只能有一个 main 函数。 （　　）
6. switch 内的条件表达式,必须为整数或字符。 （　　）
7. x==a 是一个赋值语句,表示将 a 赋给 x。 （　　）
8. C51 中不能定义 bit 数组。 （　　）
9. data 数据类型的存储空间是内部 RAM 低 128B,其存取速度最快。 （　　）
10. 若没有声明变量的存储器类型,则默认将变量存储在内部 RAM 空间。 （　　）
11. 一个函数利用 return 不可能同时返回多个值。 （　　）
12. int xdata * pow 定义了存储在外部 RAM 的整型指针 pow。 （　　）
13. bit 和 sbit 的区别除了在于所对应的寻址空间不同外,还在于赋值运算的使用也不同。
 （　　）
14. 声明一个中断函数时,必须给出相应的中断号,即 interrupt 之后必须有参数。 （　　）
15. 在变量的声明中,一定要声明存储器类型。 （　　）
16. sfr16 数据类型是 C51 扩展的数据类型。 （　　）
17. C51 中断函数不能有返回值,其返回值类型必须声明为 void。 （　　）
18. xdata 数据类型的存储空间是外部 RAM 的 64K 空间,其存取速度较慢。 （　　）
19. 通用指针是一种可以访问所有数据类型变量的指针。 （　　）
20. C51 中存储器特殊指针比通用指针效率高、速度快。 （　　）

4.2 选择题

1. 下列数据类型中，_____属于 C51 的扩展数据类型。

    A. float   B. void   C. sfr16   D. long

2. C51 的本征库函数如_crol_定义在_____头文件中。

    A. reg51. h   B. intrins. h   C. string. h   D. math. h

3. 在 C51 中，_____存储器类型的访问速度最快。

    A. code   B. data   C. idata   D. xdata

4. 请定义一外部 RAM 的整型变量 x：_____。

    A. int x   B. int idata x   C. int xdata x   D. int code x

5. 在定义 unsigned char a＝5，b＝4，c＝8 以后，表达式(a＋b＞c)&&(b==c)的值为_____。

    A. 0   B. 1   C. 2   D. 3

6. 在 C51 中，当需要根据变量实现多重分支转移时，应使用_____语句。

    A. if   B. if-else if   C. switch   D. do-while

7. 利用下列_____关键字可以改变工作寄存器组。

    A. interrupt   B. sfr   C. while   D. using

8. 利用下列_____关键字可以定义中断函数。

    A. interrupt   B. sfr   C. while   D. using

9. 下列不是 C51 定义的内部存储器类型的是_____。

    A. data   B. idata   C. pdata   D. bdata

10. 下列不是 C51 定义的存储器模式的是_____。

    A. compact   B. small   C. code   D. large

11. 在 C 语言中，下列说法正确的是_____。

    A. 不能使用 do-while 构成的循环

    B. do-while 构成的循环必须用 break 才能退出

    C. do-while 构成的循环，当 while 中的表达式值为非零时结束循环

    D. do-while 构成的循环，当 while 中的表达式值为零时结束循环

12. 若 i、j 已定义为 int 类型，则以下程序段中内循环体的总执行次数是_____。

```
for (i＝5;i;i--)
    for (j＝0;j＜4;j++){...}
```

    A. 20   B. 25   C. 24   D. 30

13. 下列宏定义中，表达不正确的是_____。

    A. ♯define uchar unsigned char

    B. ♯define LCD_DATA P3

    C. ♯define MAX(a,b) ((a)＞(b)? (a):(b))

D. ♯define CUBE(x) x * x * x

14. C51 的流程控制中,不包含的基本结构是_____。

A. 顺序结构　　　　B. 选择结构　　　　C. 循环结构　　　　D. 递归结构

15. 指定变量的存储区域为可位寻址的 16 字节内部 RAM,则应使用_____存储器类型。

A. bdata　　　　　B. idata　　　　　C. bit　　　　　D. sbit

16. C51 编译器提供输入输出库函数的头文件是_____。

A. absacc. h　　　B. stdio. h　　　C. string. h　　　D. reg51. h

17. 下列能正确定义一维数组的是_____。

A. unsigned int a[5]={0,1,2,3,4,5};　　B. unsigned char a[ ]={0,1,2,3,4,5};

C. unsigned char a={'A','B','C'};　　　D. unsigned int a[5]="0123";

18. 设 a、b、c 都是 int 型变量,且 a=3,b=4,c=5,下列表达式中,值为 0 的是_____。

A. 'a' && 'b'　　　　　　　　　　B. a<=b

C. a||b+c&&b−c　　　　　　　　D. ! ((a<b)&&! c||1)

19. 下列说法中,正确的是_____。

A. C51 程序总是从第一个函数开始执行

B. 在 C51 程序中,要调用的函数必须在 main()函数中定义

C. C51 程序总是从 main()函数开始执行

D. C51 程序中的 main()函数,必须放在程序的开始部分

20. 中断服务程序的返回值类型必须声明为_____。

A. int　　　　　　B. 无返回值　　　　C. void　　　　　D. char

4.3　填空题

1. 8051 微控制器编译器支持两种类型的指针,包括_____指针和_____指针。

2. C 语言程序的三种基本结构是_____、_____、_____。

3. 若有说明 int i,j,k,则表达式 i=10,j=20,k=30,k * =i+j 的值为_____。

4. C51 有_____种存储模式,分别是_____、_____、_____。

5. 在函数前面添加_____关键字,表明此函数是一个外部接口函数,可以被外部其他模块调用。

6. 在定义 unsigned char a=5,b=4,c=8 以后,(a+b>c)&& (b==c)的值为_____;(a || b)&&(b−4)的值为_____;(a>b)&&(c)的值为_____。

7. C51 扩展的数据类型为_____、_____、_____、_____。

8. bit 后的"="表示 bit 变量的_____;sbit 后的"="表示 sbit 变量的_____。

9. 按照给定的数据类型和存储类型,写出下列变量。在 data 区定义一个字符变量 val1:_____;在 idata 区定义一个整型变量 val2:_____;在 xdata 区定义一个无符号字符型数组 val3[4]:_____;在 xdata 区定义一个指向

char 类型的指针 px：_____。

10. 请分别定义下述变量。内部 RAM 直接寻址无符号字符变量 a：_____；内部 RAM 无符号字符变量 key_buf：_____；RAM 位寻址区位变量 flag：_____；外部 RAM 的整型变量 x：_____。

4.4　简答题

1. 除与标准 C 相同的数据类型外，C51 有哪些扩展的数据类型？

2. C51 中的 data、bdata、idata 有什么区别？

3. 请简单描述 bit 和 sbit 两种数据类型的区别。

4. 请分别定义以下数组：

　(1)外部 RAM 中 100 个元素的无符号字符数组 temp，temp 初始化为 0~99；

　(2)内部 RAM 中 16 个元素的无符号字符数组 data_buf，data_buf 初始化为 0。

5. 在 C51 流程控制的选择结构中，有几种条件判断语句？各有什么特点？

6. 在 C51 流程控制的循环结构中，while 和 do-while 的不同点是什么？

7. 什么是模块化程序设计？模块化程序设计的优点是什么？

第 5 章

中断系统

5.1 判断题

1. 中断服务程序的最后一条指令必须是 RET。 （ ）
2. CPU 响应中断时,硬件自动保护断点地址,并自动转去执行中断服务程序。 （ ）
3. 中断服务程序的保护现场是 8051 微控制器硬件自动完成的。 （ ）
4. 8051 微控制器的各中断源发出中断请求时,都会将相应的中断标志置位。 （ ）
5. 在 8051 微控制器中,高级中断能够打断低级和同级中断。 （ ）
6. 8051 微控制器中串行口的中断标志 RI、TI,只能用软件进行清零。 （ ）
7. 8051 微控制器有 5 个中断源,每个中断源都有中断允许和禁止控制位。 （ ）
8. 8051 微控制器对最高优先级中断的响应是无条件的。 （ ）
9. 8051 微控制器响应中断请求的条件之一是,IE 寄存器中的 EA 必须置为 1。 （ ）
10. 总中断允许位 EA 被置成"1"时,所有的中断都处于允许状态。 （ ）
11. 执行 SETB IT0 指令后,外部中断$\overline{\text{INT0}}$的触发方式被设置为下降沿触发。 （ ）
12. 定时器/计数器的溢出中断标志(TF0/TF1),在中断响应后需由软件清零。 （ ）
13. 在 C51 中断函数中缺省 using n,表示该中断函数使用的工作寄存器组与主程序的相同。 （ ）
14. C51 编译器能够自动保存 SFR 中的 ACC、B、DPH、DPL 和 PSW。 （ ）
15. 8051 MCU 的中断程序可以实现两级嵌套。 （ ）
16. 8051 MCU 的中断函数可以进行参数传递。 （ ）
17. main 函数可以调用中断函数。 （ ）
18. 8051 微控制器响应中断请求后,转去执行中断服务程序的时间是固定的。 （ ）

5.2 选择题

1. 中断服务程序中至少应有一条_____。
   A. 传送指令　　　　B. 转移指令　　　　C. 加法指令　　　　D. 中断返回指令
2. 微控制器响应中断时,保护现场的工作_____。

A. 由 CPU 自动完成　　　　　　　　B. 在中断响应时完成

C. 由中断服务程序完成　　　　　　　D. 在主程序中完成

3. 在 8051 微控制器中,当相同优先级的多个中断源同时申请中断时,CPU 首先响应_____。

   A. 外部中断 0　　　　B. 外部中断 1　　　　C. 定时器 0 中断　　　　D. 定时器 1 中断

4. 执行中断返回指令时,从堆栈顶部弹出的地址送给_____。

   A. A　　　　　　　B. Cy　　　　　　　C. PC　　　　　　　D. DPTR

5. 当 CPU 响应外部中断 0 后,PC 的值是_____。

   A. 0003H　　　　　B. 2000H　　　　　C. 000BH　　　　　D. 3000H

6. 8051 微控制器 CPU 开中断的指令是_____。

   A. SETB　EA　　　B. SETB　ES　　　C. CLR　EA　　　D. SETB　EX0

7. 当外部中断请求为下降沿触发时,要求中断请求信号的高电平和低电平都应至少维持_____。

   A. 1 个机器周期　　　B. 2 个机器周期　　　C. 4 个机器周期　　　D. 10 个晶振周期

8. 处于同一级别的 5 个中断源同时请求中断时,CPU 响应中断的次序为_____。

   A. 串行口、T1、$\overline{INT1}$、T0、$\overline{INT0}$　　　　B. $\overline{INT0}$、T0、$\overline{INT1}$、T1、串行口

   C. 串行口、$\overline{INT1}$、T1、$\overline{INT0}$、T0　　　　D. T0、$\overline{INT0}$、T1、$\overline{INT1}$、串行口

9. 8051 微控制器执行 RETI 指令后,_____。

   A. 程序返回到响应中断时的下一条指令

   B. 程序返回到 LCALL 的下一条指令

   C. 程序返回到主程序开始处

   D. 程序返回到响应中断时执行的一条指令

10. 由于各中断入口地址的间隔只有 8 个单元,因此通常在中断入口地址后放_____。

   A. MOV 指令　　　　　　　　　　　B. JMP　@A+DPTR 指令

   C. LCALL 指令　　　　　　　　　　D. LJMP 或 SJMP 指令

11. 8051 MCU 的中断源和中断标志位的个数分别为_____。

   A. 5、5　　　　　B. 6、6　　　　　C. 5、6　　　　　D. 6、5

12. 下列_____中断函数的声明,在编译时不会发生错误。

   A. void intsub( ) interrupt 50 using 2

   B. int intsub( ) interrupt 0 using 4

   C. void intsub(uchar a) interrupt 30 using 1

   D. void intsub( ) interrupt 15 using 3

5.3　填空题

1. 8051 微控制器的外部中断有_____和_____两种触发方式。

2. 8051 微控制器中断系统中共有_____、_____、_____、_____和_____五

个中断源；当它们处于同一优先级并同时申请中断时，最优先得到响应的中断是_____。

3. 8051 微控制器各中断源的入口地址有 _____、_____、_____、_____ 和 _____。

4. CPU 和外设进行数据交换时，常用的两种方式为_____、_____。

5. 中断响应时间是指 _____。

6. T0/T1 的中断标志，在中断方式下，由 _____ 清零。在查询方式下，由 _____ 清零。串行口中断标志只能由 _____ 清零。

7. 在中断程序中，保护工作寄存器的方法有 _____、_____ 和 _____。

8. 8051 MCU 响应中断时，断点地址是 _____ 保护的，现场（寄存器等内容）则需要 _____ 保护。

9. 如果一个 8051 MCU 应用系统仅响应定时器/计数器 T1 和外部中断 $\overline{INT0}$ 发出的中断，且要求 T1 的中断优先级高于 $\overline{INT0}$，则应对 IP、IE 中的相应位进行 _____、_____、_____ 设置。

10. 由于 8051 MCU 在每个机器周期检测一次外部中断 $\overline{INT0}$、$\overline{INT1}$ 引脚，为确保外部中断请求能被检测到，当工作在下降沿触发方式时，中断请求信号的高、低电平应至少保持 _____。

5.4 简答题

1. 中断系统应具有哪些功能？

2. 8051 MCU 的中断系统有几个中断源？几个中断优先级？中断优先级是如何控制的？在出现同级中断申请时，CPU 按什么顺序响应？各个中断源的入口地址是多少？

3. 在 8051 MCU 中，各中断源对应的中断标志是什么？中断标志是如何产生，又是如何清除的？

4. 请叙述 8051 微控制器响应中断的条件。

5. 在设计中断服务程序时，为什么要保护现场和恢复现场？

6. 简述响应中断和调用子程序的异同。

7. 简述编写 C51 中断函数的注意点。

8. 如何利用 I/O 端口，进行外部中断的扩展？

第6章

定时器/计数器

6.1 判断题

1. 定时器/计数器 T0、T1 工作在计数方式时,能够计数任意频率的外部脉冲。 （ ）

2. 8051 MCU 的 T0/T1 对外部脉冲计数时,外部脉冲高、低电平的宽度应≥1 个机器周期。 （ ）

3. TMOD 中的 GATE=1 时,表示需要由 TRi 和 $\overline{\text{INT}i}$ 两个信号的组合来控制定时器的启停。 （ ）

4. TMOD 中的 GATE=0 时,可通过 SETB TRi 指令,控制定时器 Ti 的启停。 （ ）

5. 指令 JNB TF0,LP 的含义是:若定时器 T0 的溢出标志=0,就转 LP。 （ ）

6. 若要测量 $\overline{\text{INT0}}$ 引脚上正脉冲的宽度,则 T0 的 GATE 位应置为 0。 （ ）

7. 系统时钟为 6MHz,T0 工作方式 1 的最大定时时间为 65.536ms。 （ ）

8. 8051 MCU 中的定时器/计数器,能够记录的外部脉冲的最高频率是系统晶振频率的 1/24。 （ ）

9. 8051 MCU 中的定时器/计数器,其工作方式 2 不存在定时误差。 （ ）

10. 不论工作在何种方式下,8051 微控制器定时器/计数器的计数初值仅在初始化时设置一次即可。 （ ）

11. 8051 微控制器 T0 用作计数器,采用工作方式 2,则其最大的计数值为 256。 （ ）

12. 设机器周期为 1μs,若要硬件定时 500μs,可采用定时工作方式 2。 （ ）

13. 对于定时器/计数器的工作方式 1,在计数器溢出的处理程序中,要立刻进行初值的重装载。 （ ）

14. 运用定时器/计数器定时结合软件计数器,可以实现 1s 的准确定时。 （ ）

6.2 选择题

1. 8051 微控制器中,定时器/计数器的位数是_____。

　　A. 8 位 　　　　　　　　　　　　　B. 16 位

　　C. 13 位 　　　　　　　　　　　　　D. 由工作方式决定的

2. 设振荡频率为 12MHz,则定时器/计数器工作方式 2 的最大定时时间为_____。

A. 8.192ms　　　　B. 65.536ms　　　　C. 0.256ms　　　　D. 16.384ms

3. 启动定时器 0 工作的指令是使 TCON 的_____。

A. TF0 位置 1　　　B. TR0 位置 1　　　C. TR0 位置 0　　　D. TR1 位置 0

4. 用定时器 T1 计数,采用工作方式 2,要求每次累计 100 个脉冲请求中断,则 TH1、TL1 的初始值是_____。

A. 9CH　　　　　　B. 20H　　　　　　C. 64H　　　　　　D. A0H

5. 当定时器/计数器 T0 工作在定时工作方式 1 时,其最长定时时间为_____(设晶振频率为 12MHz)。

A. 65536μs　　　B. 4096μs　　　C. 16384μs　　　D. 8192μs

6. 若 8051 微控制器的振荡频率为 6MHz,设定时器工作在方式 1,若需要定时 1ms,则定时器初值应为_____。

A. 500　　　　　　B. 1000　　　　　C. $2^{16}-500$　　　D. $2^{16}-1000$

7. 系统时钟为 12MHz,现要实现 50ms 的定时,定时器 0 工作在方式 1,则 TH0、TL0 的初值为_____。

A. TH0=0CH、TL0=78H　　　　　　B. TH0=0ECH、TL0=78H

C. TH0=3CH、TL0=B0H　　　　　　D. TH0=B0H、TL0=3CH

8. 定时器/计数器工作在定时方式时,其加 1 计数器的计数脉冲周期为_____。

A. 振荡周期　　　　B. 指令周期　　　　C. 机器周期　　　　D. 状态周期

9. 定时器/计数器 T0、T1 工作在计数方式时,其能够计数的最大外部脉冲频率为_____。

A. 振荡频率　　　　B. 1/2 振荡频率　　　C. 1/12 振荡频率　　D. 1/24 振荡频率

10. 8051 微控制器的定时器 T1 工作在计数方式时,计数脉冲来自于_____。

A. 外部计数脉冲由 T1(P3.5)输入　　　　B. 外部计数脉冲由 $\overline{INT0}$ 输入

C. 外部计数脉冲由 T0(P3.4)输入　　　　D. 外部计数脉冲由 $\overline{INT1}$ 输入

6.3　填空题

1. 定时方式和计数方式都是对_____进行计数,当系统振荡频率确定后,其最大定时时间取决于定时器/计数器的_____。

2. 定时器的定时时间与_____、_____及_____有关。

3. 设系统晶振频率为 6MHz,则定时器/计数器方式 1 和方式 2 的最大定时时间分别为_____ ms 和_____ ms。

4. 当 T0 工作在计数方式时,其能计数的外部脉冲的最高频率为_____(设晶振频率为 6MHz)。

5. 8051 微控制器 T0 的门控信号 Gate 设置为 1 时,只有_____引脚为高电平且由软件使_____置 1 时,才能启动 T0 工作。

6. 8051 MCU 的 T0、T1 均具有_____和_____功能,对应不同功能,其中的加 1 计数器分别对_____和_____进行计数。

7. 系统时钟频率为 12MHz,现要实现 5ms 定时,T0 应工作在方式_____,计数初值为_____。

8. 设 8051 MCU 的系统频率为 12MHz,要求用 T0 实现 1s 定时,可以采用工作方式 1 定时 50ms,用一个软件计数器累计 50ms 的个数,当软件计数器累积到_____表示到 1s;也可以采用工作方式 2 定时 250μs,用软件计数器累计 250μs 的个数,当软件计数器累积到_____表示到 1s。两种方法的差异是_____
_____。

9. 与 8051 MCU 的定时器/计数器 T0 相关的 SFR 有_____、_____、_____、
_____。

10. 当用 8051 MCU 的 T0 测量外部脉冲频率时,T0 应工作在_____模式;当用 T0 测量外部脉冲的高电平宽度时,T0 应工作在_____模式,同时应将 TMOD 中相应的 Gate 位设置为_____。

6.4　简答题

1. 8051 MCU 的定时器/计数器由哪几部分组成? 相关的特殊功能寄存器有哪几个?

2. 8051 MCU 定时器/计数器的工作方式 1、方式 2 各有什么特点?

3. 定时器/计数器用作定时器时,定时时间与哪些因素有关? 用作计数器时,对外界脉冲的频率有何限制?

4. 对于工作方式 1 和方式 2,它们分别能够定时的最大时间为多少? (设晶振频率分别为 6MHz、12MHz)

5. 设外部晶振频率为 6MHz,如何在 P1.0 引脚输出尽可能高频率的脉冲信号? 请计算其频率和占空比。

6. 定时器的定时时间有限,如何实现较长时间的定时? 简述 1min 定时的实现方法。

7. 简述定时器/计数器的初始化步骤。

8. 如何通过定时器/计数器扩展外部中断?

第7章

串行总线与通信技术

7.1 判断题

1. 8051 MCU 串行口的发送和接收缓冲器都是 SBUF,所以不能同时收发,即不是全双工的串行口。   (   )

2. 8051 MCU 向 SBUF 发送一个数据,是启动串口的发送,因此读 SBUF 是启动串行的接收。   (   )

3. 串行口接收到的第 8 位数据送 SCON 寄存器的 RB8 中保存。   (   )

4. 8051 MCU 串行口的工作方式 0,实际上是同步串行通信方式,用于 I/O 端口的扩展。

                                                                                 (   )

5. 8051 MCU 串行口的工作方式 0,TXD 是时钟发送端,RXD 是数据发送端。   (   )

6. 利用 8051 微控制器的 UART 进行多机通信时,应选择 11 位数据为一帧的工作方式。

                                                                                 (   )

7. 对于波特率可编程的串口工作方式,常用 T1 作为波特率发生器。   (   )

8. 异步串行通信的波特率决定了数据通信的速率。   (   )

9. 若令 REN=1,就启动了串行口的接收功能。   (   )

10. 在串行通信中,收发双方的数据帧格式应相同,波特率可以不同。   (   )

11. 串口工作方式 0 的波特率仅与 8051 微控制器的晶振有关,与定时器无关。   (   )

12. 偶校验要求每个数据帧中的“1”的个数为偶数。   (   )

13. 8051 MCU 的串行口工作在方式 2 和方式 3 时,发送的第 8 位数据要预先写入 SCON 的 TB8。   (   )

14. 当串行口的 SM2=1 时,仅当接收到的 RB8=1 时,接收的数据才会进入接收 SBUF。

                                                                                 (   )

15. RS232 标准的总线能与 TTL 电平的 UART 引脚直接连接。   (   )

16. 字节的奇偶校验无法检测出偶数个 bit 错误。   (   )

17. 数据块的累加和校验不能检出数字之间的顺序错误。   (   )

18. I^{2}C 总线上扩展的节点数是由电容负载能力决定的。   (   )

19. 串行通信的传送速度比并行通信低,但其数据线少、成本低,适用于远距离通信。

                                                                                 (   )

20. RS232 不支持多机联网的通信。　　　　　　　　　　　　　　　　　（　　）

21. RS485 采用的是半双工方式,因此收发不能同时进行。　　　　　　　（　　）

22. RS485 传输的是差分信号,因此具有较强的抗干扰能力。　　　　　　（　　）

23. 在 I^2C 总线的数据传输过程中,主机可以通过控制 SCL 变低,来暂停数据的传输。

　　　　　　　　　　　　　　　　　　　　　　　　　　　　　　　　　（　　）

24. SPI 接口传送数据的速率取决于主机发出的同步时钟信号的频率。　（　　）

25. 对于 5 线制的 RS232 通信系统,由于加入了一对握手信号,因此提高了数据通信的可靠性。　　　　　　　　　　　　　　　　　　　　　　　　　　　　　　（　　）

7.2　选择题

1. 波特率反映了数据传送的速率,一般用_____表示。

A. 字符/秒　　　　　　B. 位/秒　　　　　　C. 帧/秒　　　　　　D. 字节/秒

2. 利用 8051 微控制器的 UART 扩展 I/O 接口时,应选择工作_____。

A. 方式 0　　　　　　B. 方式 1　　　　　　C. 方式 2　　　　　　D. 方式 3

3. 在异步串行通信中,发送与接收可以同时进行的通信方式,称为_____传送方式。

A. 半双工　　　　　　B. 单工　　　　　　　C. 全双工　　　　　　D. 单半双工

4. 在 8051 MCU 的异步串行模块中,发送和接收寄存器是_____。

A. TMOD　　　　　　B. SBUF　　　　　　C. SCON　　　　　　D. DPTR

5. 8051 微控制器串行口工作在方式 0 时,_____。

A. 数据从 RDX 串行输入,从 TXD 串行输出

B. 数据从 RDX 串行输出,从 TXD 串行输入

C. 数据从 RDX 串行输入或输出,同步信号从 TXD 输出

D. 数据从 TXD 串行输入或输出,同步信号从 RXD 输出

6. 在串行口的控制寄存器 SCON 中,REN 的作用是_____。

A. 地址/数据位　　　　　　　　　　　B. 串行口允许发送控制位

C. 串行口允许接收控制位　　　　　　D. 串行口多机通信允许位

7. 8051 微控制器串行口的方式 2 和方式 3,在接收数据帧时其顺序为_____。

(1)接收起始位　　　　　　　　　　　(2)接收低位到高位的 8bit 数据位

(3)接收停止位　　　　　　　　　　　(4)接收校验位

A. (1)(2)(3)(4)　　　　　　　　　　B. (1)(2)(4)(3)

C. (2)(1)(4)(3)　　　　　　　　　　D. (1)(4)(2)(3)

8. 8051 微控制器利用串行口发送一帧数据的过程为_____。

(1)用指令将待发送的数据写入 SBUF　　(2)硬件自动将 SCON 的 TI 置 1

(3)UART 模块自动从 TXD 引脚串行发送一帧数据　　(4)用软件将 TI 清 0

A. (1)(3)(2)(4)　　　　　　　　　　B. (1)(2)(3)(4)

C. (4)(3)(1)(2)　　　　　　　　　　D. (3)(4)(1)(2)

9. 异步串行通信中,收发双方必须保持_____。

  A. 收发时钟相同   B. 系统晶振相同

  C. 数据帧格式和波特率相同   D. 以上都正确

10. 设异步通信的波特率为 4800bps,若每个字符的数据帧包含 1 位起始位、7 位数据位、1 位校验位、1 位停止位,则每秒钟传输的最大字符数是_____。

  A. 4800   B. 2400   C. 480   D. 240

11. 采用异步通信的 11 位数据帧方式发送数据 00110011(采用奇校验),则其数据帧的 11 位是_____。

  A. 00001100110   B. 11001100110   C. 11001100111   D. 01001100110

12. 设累加器 A 的值 56H,是一个字符的 ASCII 码,将其最高位作为校验位,采用奇校验,则加入校验位后,(A)=_____。

  A. D6H   B. 56H   C. 65H   D. C6H

13. RS232 通信传送的信号为_____,RS485 通信传送的信号为_____。

  A. 数字信号,模拟信号   B. 模拟信号,数字信号

  C. 数字信号,差分信号   D. 差分信号,数字信号

14. 下列串行接口方式中,使用接口线最少的是_____。

  A. SPI   B. I^2C C. 单总线   D. 并行通信

15. 8051 微控制器中的 UART,采用的是_____电平。

  A. TTL/CMOS   B. RS232C

  C. RS422   D. RS485

7.3 填空题

1. 已知 8051 微控制器串行口采用工作方式 1,波特率为 9600bit/s,则每分钟发送的字符数是_____个。

2. 8051 微控制器串行口的工作方式 0 是_____方式,而工作方式 1、2、3 是_____方式。

3. 异步串行通信的数据帧通常由_____位、_____位、_____位和_____位组成。

4. 8051 微控制器有一个全双工的_____串行口,它有_____种工作方式。

5. 对于 7 位的 ASCII 码,通常将其 D7 位作为校验位。若采用奇校验,传送字符 B 的 ASCII 码 42H 时,其发送的数据应为_____。

6. 在 RS232 的通信接口定义中,TXD 脚和 RXD 脚的功能分别是_____、_____。

7. RS232 标准通信接口采用的是_____逻辑,_____表示逻辑 0,_____表示逻辑 1。

8. 串行通信可以分成_____通信和_____通信两大类。

9. RS485 通信采用＿＿＿＿＿＿＿的工作方式,因此收发不能同时进行;RS485 总线上传输的是
＿＿＿＿＿＿＿信号。

10. I²C 串行总线采用＿＿＿＿＿＿＿方式,来寻址连接在总线上的不同器件;SPI 串行接口采用
＿＿＿＿＿＿＿方式,来寻址连接在总线上的不同器件。

7.4　简答题

1. 串行异步通信有哪些特点? 其数据帧由哪几部分组成?

2. 数据通信时,通信各方约定的通信协议应包含哪些内容? 通信中的校验起到什么作用?
简述常用的校验方式。

3. 8051 MCU 中的串行接口 UART 由哪几部分组成? 包含哪些特殊功能寄存器? 各自
的作用是什么?

4. 简述 8051 微控制器中 UART 的四种工作方式及其特点。

5. 已知系统晶振频率 f_{osc} 和要求的通信波特率 P_{tx},如何计算 T1 的定时初值?

6. 串行口控制寄存器 SCON 中的 TB8、RB8、SM2 分别起什么作用? 分别在什么方式下
使用?

7. 微控制器与 PC 机进行 RS232 串行通信时,为何要进行逻辑电平变换?

8. 请简述 RS485 通信与 RS232 通信的特点。

9. 简述多机通信的过程。

10. 微控制器系统中常用的串行总线有哪些? 简述串行扩展的优势。

第8章

人机接口技术

8.1　判断题

1. 通常用软件延时的方法,来消除按键操作的前沿和后沿抖动。（　）
2. 数码管静态显示电路具有节省硬件接口、显示程序简单的优势。（　）
3. 对于按键连击现象,可以通过程序的编写,加以利用或消除。（　）
4. 若采用线路反转法扫描按键,则应采用(准)双向 I/O 端口连接按键。（　）
5. 共阳 LED 数码管能够显示的必要条件是其公共端接高电平或电源。（　）
6. 要使共阴 LED 数码管正常工作,其公共端应接低电平或地。（　）
7. 对于数码管的动态显示电路,某一时刻各数码管接收到的段码不同。（　）
8. 对于数码管的动态显示电路,各数码管的公共端应连接到输出口的不同口线上。
（　）
9. 对于数码管的动态显示电路,若各数码管上显示的数字出现闪烁,则应提高显示刷新频率。（　）
10. 对于数码管的动态显示电路,若各数码管显示相同内容,则说明它们的位控信号同时有效了。（　）
11. HD7279 是键盘显示管理芯片,其与微控制器采用串行 SPI 接口连接。（　）
12. 电阻式触摸屏是利用人体的电流感应进行工作的。（　）
13. 矩阵式键盘比独立式键盘节省硬件口线,但其软件也相对复杂。（　）
14. $m \times n$ 矩阵键盘需要 $m + n$ 条口线。（　）
15. ST7920 的字型 ROM 中,字符编码和汉字编码都为双字节。（　）
16. LCD 依靠外界光实现显示,是一种被动显示器件。（　）
17. LCD 的驱动,是在其公共电极和段电极上施加直流电平。（　）
18. 对于 LCD 的图形方式,LCD 屏上的点(如 128×64 的各点)与图形 RAM 中的各点一一对应。（　）

8.2　选择题

1. 要使 MCU 能够立即响应按键的操作,则应采用_____按键工作方式。

    A. 查询　　　　　　　B. 中断　　　　　　　C. 定时　　　　　　　D. 等待

2. 已知共阴 LED 数码管 a～g 及 dp 各段与端口 P1.0～P1.7 顺序连接，"P"的段码是_____。

    A. 73H　　　　　　　B. 0CH　　　　　　　C. 0F3H　　　　　　　D. 0FCH

3. 对于共阴 LED 数码管,其共同端(COM 端)是 LED 的_____,显示的必要条件是 COM 端接_____。

    A. 阴极,地　　　　　B. 阴极,电源　　　　C. 阳极,地　　　　　D. 阳极,电源

4. 要在共阳 LED 数码管上显示 0,则应输出的段码为(设 a～g 及 dp 各段与端口 P1.0～P1.7 顺序连接)_____。

    A. 3FH　　　　　　　B. C0H　　　　　　　C. 80H　　　　　　　D. 7FH

5. 设有 8 个共阴 LED 数码管,采用动态连接方式,一个 8 位端口(段码端口)连接各数码管的段码,另一个 8 位端口(位控端口)连接 8 个数码管的 COM 端。工作时,流入位控端口的最大电流为_____。

    A. 1 个 LED 的电流　　　　　　　　　　B. 2 个 LED 的电流

    C. 8 个 LED 的电流　　　　　　　　　　D. 64 个 LED 的电流

6. 电阻式和电容式触摸屏运用的感应方式分别是_____。

    A. 压力感应、压力感应　　　　　　　　B. 压力感应、电流感应

    C. 电流感应、压力感应　　　　　　　　D. 电流感应、电流感应

7. 按键抖动的时间与开关的机械特性有关,一般在_____。

    A. 100～200μs　　　B. 5～10ms　　　　　C. 100～200ms　　　D. 500～1000ms

8. 常用的三种按键的工作方式不包括_____。

    A. 编程扫描方式　　　B. 定时扫描方式　　　C. 随机扫描方式　　　D. 中断扫描方式

9. 在字符显示模式中,应向 ST7920 的显示数据 RAM(DDRAM)写入_____。

    A. 字符或汉字的字模　　　　　　　　　B. 字符或汉字的编码

    C. 图形数据　　　　　　　　　　　　　D. 以上都可以

10. ST7920 中 8192 个汉字编码和 16×16 点阵汉字字模所占用的字节数分别为_____。

    A. 1、16　　　　　　　B. 1、32　　　　　　　C. 2、16　　　　　　　D. 2、32

8.3　填空题

1. 非编码矩阵式键盘获得键值的方法有_____和_____。

2. 键盘的工作方式有_____、_____和_____三种。

3. 通常在按键扫描程序中,获取键值前后均会加 delay 程序,其作用是_____。

4. LED 具有_____和_____两种结构形式。

5. 在触摸屏应用中,通常采用_____方式响应触摸屏操作,读取具体的坐标值。

6. 按键连击的含义是一次按键操作产生_____响应的情况,为消除连击现象,需在键盘

程序中加入等待按键_____的处理。

7. 独立式键盘的每个按键占用_____根 I/O 口线,而矩阵式连接的 $m \times n$ 个按键仅需要_____根 I/O 口线。

8. 在 4 个数码管的静态显示电路中,每个瞬间_____个数码管是点亮的;在 4 个数码管的动态显示电路中,每个瞬间_____个数码管是点亮的。

9. 在 LCD 控制芯片 ST7920 中,显示数据 RAM(DDRAM)存放_____;图形数据 RAM(GDRAM)存放_____。

10. 对于一个 8×8 的红绿双色 LED 阵列,需要_____个输出接口,分别为_____输出口、_____输出口以及_____输出口。

11. 在 ST7920 控制器的字库 ROM 中,采用的是 16×16 的汉字字库和 16×8 的字符库,其显示数据 RAM 的容量为_____个双字节,图形数据 RAM 的容量是_____个双字节。

12. 用 ST7920 控制 12864 LCD 屏时,与显示屏上 4 行显示字符对应的 DDRAM 的地址分别为_____、_____、_____、_____。

8.4　简答题

1. 什么是按键的抖动? 简述消除按键抖动的方法。
2. 什么是按键的连击? 简述连击的利用和消除方法。
3. 什么是按键的重键现象? 如何消除?
4. 简述键盘的三种工作方式及其特点。
5. 简述矩阵式键盘的行扫描法识别按键的过程。
6. 简述矩阵式键盘的线路反转法识别按键的过程。
7. LED 数码管有几种结构? 其连接特点是什么?
8. 简述 ST7920 中 DDRAM 与 12864 液晶屏的映射关系。

第9章

模拟接口技术

9.1 判断题

1. ADC0809 是一个 8 路 8 位逐次逼近式的模/数转换器。 （　）

2. 在需要多路 DAC0832 同步转换的系统中，这些 DAC0832 应工作在双缓冲方式。

（　）

3. 对于 A/D 转换器的转换精度这一指标，要根据测量信号的频率来选择。 （　）

4. D/A 转换器 DAC0832 可以工作在直通方式或单缓冲方式或双缓冲方式。 （　）

5. A/D 转换器、D/A 转换器的分辨率仅仅与其转换位数有关。 （　）

6. A/D 转换器的精度决定了其量化误差。 （　）

7. 要降低 D/A 转换器的量化误差，可以选用更多位数的 DAC 芯片。 （　）

8. D/A 转换器 DAC0832 作为信号发生器时，要工作在双缓冲方式。 （　）

9. ADC 的转换速率是转换时间的倒数，用次数/秒（如 10K/s 等）表示。 （　）

10. 用一路 A/D 转换通道，可以实现多个按键的连接和识别。 （　）

9.2 选择题

1. 设某 8 位 A/D 转换器，满量程输入电压为 5V，当输入电压为 3.45V 时，其输出数字量为_____。

    A.176　　　　　　　　B.255　　　　　　　　C.88　　　　　　　　D.76

2. A/D 转换方法有以下四种，ADC0809 是一种采用_____进行 A/D 转换的器件。

    A.计数式　　　　　　B.双积分式　　　　　　C.逐次逼近式　　　　D.并行式

3. DAC0832 满量程输出电压为 5V，当输入的二进制数变化 1bit 时，对应的输出电压变化为_____。

    A.4.9mV　　　　　　B.39mV　　　　　　　C.19.6mV　　　　　　D.49mV

4. ADC0809 的 U_{REF} 接＋5.0V，若输入的模拟量为 1.25V，则转换结果应该为_____。

    A.40H　　　　　　　B.80H　　　　　　　C.0A0H　　　　　　D.0F0H

5. 对于连接 N 个模拟传感器的分时采集型输入通道结构，至少需要_____个 A/D 转换器。

A. $N+1$ B. 1   C. N D. $N-1$

6. ADC0809 的分辨率是_____,当满量程电压为 10V 时,其最小分辨电压为_____。

A. 8 位, 39.2mV   B. 8 位, 19.6mV   C. 12 位, 39.2mV   D. 12 位, 19.6mV

7. 在需要多路 D/A 转换器同步工作的系统中,DAC0832 的接口方式应为_____。

A. 直通方式   B. 单缓冲方式   C. 双缓冲方式   D. 同步方式

8. 设某 12 位 D/A 转换器,满量程输出电压为 5V,此转换器的电压分辨率为_____ mV。

A. 1.22   B. 2.44   C. 4.88   D. 19.6

9. 对于数据采集系统,应根据被测模拟信号的频率,选择 ADC 的_____。

A. 分辨率   B. 转换精度   C. 转换时间   D. 线性度

10. A/D 转换器的电压分辨率与_____有关。

A. ADC 位数、满量程电压   B. ADC 精度、满量程电压

C. ADC 转换时间、满量程电压   D. ADC 线性度、满量程电压

9.3　填空题

1. 若 8 位 D/A 转换器的输出满量程电压为 +5V,则该 D/A 转换器能分辨的最小电压为_____;当输出数字量为 58H 时,对应的输出电压为_____。

2. 若 ADC0809 的 $U_{REF} = 5V$,当输入模拟电压为 2.5V 时,A/D 转换的数字量为_____;若 A/D 转换的结果为 60H,则对应的模拟输入电压为_____。

3. A/D 转换器是将_____转换为_____的器件,其主要技术性能有_____、_____、_____等。

4. D/A 转换器是将_____转换为_____的器件,其主要技术性能有_____、_____、_____等。

5. DAC0832 具有_____、_____、_____三种连接方式。

6. 对于要求两个 DAC0832 同时输出模拟信号的电路,DAC0832 应采用_____的连接方式。

7. A/D 转换器的分辨率与 A/D 转换器的_____有关,设某 12 位 A/D 转换器,满量程输入电压为 10V,则此转换器的电压分辨率为_____。

8. A/D 转换器的控制一般分为_____、_____和读入转换结果三个过程。

9. 通常,在模拟输入通道基本结构中,包括传感器、_____、_____和微控制器。

10. 在模拟输出通道基本结构中,至少应包含一个_____器件。

9.4　简答题

1. A/D 转换器的作用是什么? 其主要性能指标有哪些? 设某 16 位的 ADC,满量程输入电压为 5V,请问其电压分辨率、量化误差各是多少?

2. D/A 转换器的作用是什么？其主要性能指标有哪些？设某 14 位的 DAC,满量程输出电压为 5V,请问其电压分辨率、量化误差各是多少？

3. 在 ADC 和 DAC 的主要技术指标中,量化误差、分辨率和精度有何区别？

4. 对于电流输出型的 DAC,如何将电流转换成电压？

5. 简述 A/D 转换器 ADC0809 的转换过程。

6. 用一路 A/D 转换通道扩展 16 个按键甚至更多按键的原理是什么？

7. 用 DAC 设计信号发生器时,如何修改其输出信号如方波、三角波、正弦波等波形的频率？

8. 8051 微控制器系统利用扩展的 DAC0832 可以输出任意波形,简述其原理。

第 10 章

数字接口技术

10.1 判断题

1. 利用光敏三极管开关特性的光耦器件属于数字光耦。 （　　）

2. 光电耦合器实现的是"光—电—光"的转换。 （　　）

3. 磁电耦合器是通过"电—磁—电"的转换,实现电气隔离的。 （　　）

4. 光耦可以在光电隔离的同时实现电平的转换。 （　　）

5. 为实现输入端与输出端的隔离,光耦的输入、输出不能共用电源但可以共地。 （　　）

6. 计数器测量脉冲的最大误差与计数器的位数有关。 （　　）

7. 对于高频脉冲通常用测频法,即测量单位时间内的脉冲数,来得到脉冲频率。 （　　）

8. 对于低频脉冲,通常用测周期的间接方法计算得到频率。 （　　）

9. 对于测频法,设时间基准为 1s,则其频率的最大测量误差是 ±1Hz。 （　　）

10. 步进电机的步距角与电机的相数、转子的齿数、励磁方式有关。 （　　）

11. 四相步进电机采用双 4 拍励磁法时的步距角和采用单 4 拍时一样。 （　　）

12. 四相步进电机采用单双 8 拍励磁法时的步距角比单 4 拍时大一倍。 （　　）

13. 四相步进电机采用双 4 拍励磁法时的力矩比单 4 拍时大。 （　　）

14. 步进电机的细分驱动原理就是细分电机各相的励磁电流强度。 （　　）

15. 直流电机的 H 桥驱动电路中,两个同侧的功率管不可以同时导通。 （　　）

16. 通过对 H 桥电路的控制,可以使直流电机正转或反转。 （　　）

17. 直流电机的转速与 PWM 的占空比(高电平与周期之比)有关,占空比越大转速越高。

（　　）

18. 提高数字 I/O 端口驱动能力的方法有三极管驱动、继电器驱动、功率管驱动等。

（　　）

10.2 选择题

1. 若要进行线性电压信号的隔离,则应该采用_____。

　　A.线性光耦　　　　B.高频光耦　　　　C.低频光耦　　　　D.磁耦

2. 下列无法实现电平转换的是_____。

    A. 光耦   B. 电平转换芯片   C. 磁耦   D. 放大器

3. 为获得脉冲信号的频率,对于高频脉冲信号一般采用_____,对于低频脉冲信号一般采用_____。

    A. 测频,测频   B. 测频,测周   C. 测周,测频   D. 测周,测周

4. 对于四相步进电机单 4 拍励磁法,其正转的控制时序为_____。

    A. A→C→D→B   B. A→B→C→D   C. D→C→B→A   D. B→A→C→D

5. 四相步进电机采用双 4 拍励磁法时,其步距角为 1.8°,则采用单双 8 拍励磁法时的步距角为_____。

    A. 0.9°   B. 1.8°   C. 3.6°   D. 以上都有可能

6. PID 控制的含义是指_____控制。

    A. 比例、积分、微分   B. 积分、比例、微分

    C. 微分、比例、积分   D. 比例、微分、积分

7. 对于频率为 1kHz 的脉冲信号,用测频法测量(测量时长 1 秒),则其测量结果不可能为_____ Hz。

    A. 1000   B. 1001   C. 999   D. 998

8. 对于频率为 $100\sim5000\mathrm{Hz}$ 的脉冲信号,要求测量误差≤0.1%,则测频测周的分界频率为_____ Hz。

    A. 1000   B. 1001   C. 500   D. 100

9. 光耦隔离能去除尖峰毛刺,是因为尖峰毛刺的_____。

    A. 电压比较高   B. 电流比较大   C. 脉宽比较窄   D. 能量比较小

10. 在 PID 控制算法中,积分 I 算子的作用是_____。

    A. 改善系统动态特性   B. 消除系统静态误差

    C. 加快系统稳定过程   D. 避免系统振荡

10.3　填空题

1. 光耦是通过_____的信号转换,利用光信号的传送不受电磁波干扰的特性实现双边电气隔离,从而提高_____的。

2. 常见的数字输入通道包含_____、_____、_____和微控制器等几部分。

3. 常见的功率驱动技术有_____、_____、_____。

4. PID 控制当中 P、I、D 分别代表了_____、_____、_____。

5. 光耦的特性参数有_____、_____、_____、_____(任意写出 4 个即可)等。

6. 为了保证脉冲信号频率的测量精度,对于高频脉冲采用_____法,对于低频脉冲采用_____法。

7. 设脉冲信号的频率为 $20\sim5000\mathrm{Hz}$,要求测量精度≤0.2%,其测频测周的交界频率为_____ Hz,最大测频误差为_____。

8. 设 8051 MCU 的晶振频率为 12MHz，时间基准为 1 秒，其能够测量的最大频率为
_____；若要将测量频率提高一倍，则可以将_____予以实现。

9. 步进电机的步距角与_____有关；步进电机的驱动能力与_____
有关；步进电机的转速与_____有关；步进电机的转动方向与
_____有关。

10. 直流电机的转速与_____有关；直流电机的转动方向与_____
有关。

10.4　简答题

1. 常用的电平转换方法有哪几种？各有什么特点？

2. 请比较光耦隔离技术和磁耦隔离技术的异同点。

3. 已知某型号光耦的输入电流范围为 5～15mA，输出电流范围为 1～10mA，输入端电压
为 5V TTL 电平，输出端电压为 3.3V TTL 电平，请设计同相输出电路，并给出电阻的
阻值。

4. 脉冲信号测量技术有哪两种？分别简述它们的测量过程。

5. 设某一脉冲信号的频率范围为 20Hz～10kHz，要求测量精度≤±0.2%。请设计测量
方法。

6. 简述常用的功率驱动技术及各自的特点。

7. 简述直流电机的 PWM 调速原理，以及设计 H 桥调速电路时的注意点。

8. 若某个四相电机的转子上有 180 个齿，则该步进电机的步长是多少？画出单双 4 拍驱
动该电机的各相时序图。

第 11 章

微控制器系统的可靠性设计

11.1 判断题

1. 微机系统的抗干扰能力是影响系统可靠性的重要因素。 （ ）

2. 通常用平均无故障时间或平均维护时间作为系统可靠性的指标。 （ ）

3. 采用软件陷阱技术可以使"跑飞"到陷阱的程序恢复正常。 （ ）

4. 程序进入死循环或系统死机时,可以使用 WDT 将系统复位而重启。 （ ）

5. 干扰源频率越高,静电耦合干扰越严重,因此对于低频噪声,可直接忽视其静电耦合干扰。 （ ）

6. 抑制电磁干扰的主要措施是减少两个电路间的寄生电容。 （ ）

7. 当干扰信号的频率范围与有用信号相差较大时,可采用滤波方法来抑制干扰。 （ ）

8. 抑制静电干扰最有效的方法是通过合理布线、隔离来减少寄生电容。 （ ）

9. 对于大系统,应采用各功能模块分开供电方式,避免一个模块电路的负载变化对其他电路造成影响。 （ ）

10. 为消除脉冲干扰,可采用限幅滤波和去极值滤波。 （ ）

11. 电流的长线传输,可以避免信号在传输线上产生压降,从而提高信号传输的可靠性。 （ ）

12. 在长线传输中,为了抑制电磁场对信号线的干扰,应使用平行电缆。 （ ）

11.2 选择题

1. 形成干扰的三要素不包括_____。
   A. 干扰源　　　　　B. 测量系统　　　　　C. 耦合途径　　　　　D. 微控制器

2. 数字滤波技术不能实现的功能是_____。
   A. 消除随机误差　　　　　　　　B. 节省硬件成本
   C. 防止程序计数器 PC 跑飞　　　D. 提高可靠性

3. 下列程序区中,不能安排软件陷阱的是_____。
   A. 未使用的中断向量区　　　　　B. 未使用的 ROM 区

C. 数据表格中间 　　　　　　　　D. 程序断裂点

4. 抑制共模噪声的方法是_____。

　A. 隔离　　　　　B. 屏蔽　　　　　C. 接地　　　　　D. 以上都是

5. 下列方法中，不能有效抑制电源干扰的是_____。

　A. 使用隔离变压器　　　　　　　　B. 使用高通滤波器

　C. 配置去耦电容　　　　　　　　　D. 采用独立供电模块

6. 抑制漏电流的有效方法是_____。

　A. 提高系统绝缘电阻　　　　　　　B. 提高输入电阻

　C. 减少寄生电容　　　　　　　　　D. 提高干扰源频率

7. 选择微弱信号前置放大器时，通常需要其具有_____。

　A. 高输入阻抗　　　　　　　　　　B. 高稳定增益

　C. 高输出阻抗　　　　　　　　　　D. 强抗共模干扰能力

8. 在低功耗设计中，下列会增加功耗的是_____。

　A. 提高 MCU 工作频率　　　　　　B. 使用 CMOS 器件

　C. 使用 PWM 方式驱动 LED　　　　D. 关闭 MCU 内部不用的资源

11.3　填空题

1. 微控制器系统引入干扰的主要途径有_____、_____、_____三条。

2. 抑制电源干扰的主要方法包括_____、_____、_____、不同电路
   模块采用独立供电模块、使用压敏电阻等吸波器件。

3. 影响微控制器系统正常工作的信号称为噪声（又称为干扰），按照干扰进入系统的模式，
   可将其分为_____干扰和_____干扰。

4. 在微机系统的前向和后向通道中，可采用_____隔离或_____隔离切断外部电路
   与微机系统的电气联系，从而防止干扰从 I/O 通道进入微机系统。

5. 干扰的主要耦合方式有_____、_____、_____、_____四种。

6. 微机系统中的信号地可以分为_____、_____、_____。

7. 对于微机系统的接地技术，在低频电路中，通常采用_____接地；在高频电路中，通常
   采用_____接地；系统机箱和屏蔽地通常与_____连接。

8. 在设计印刷线路板（PCB）时，应注意_____、_____、_____以及
   芯片配置去耦电容、接插件的布局等问题。

9. 低功耗设计包括_____、_____、_____、_____以及相关
   器件和模块不工作时关闭其供电等。

10. 输入输出通道的抗干扰技术主要包括_____、_____、_____。

11. 程序设计中常用的可靠性方法包括_____、_____、_____、_____。

12. 数字滤波技术的优势有_____、_____、_____、_____。

13. 常用的数字滤波方法有_____、_____、_____、_____以及低通

滤波等。

14. 消除脉冲干扰的有效方法有_____、_____、_____;消除随机误差的有效方法有_____、_____。

11.4 简答题

1. 请描述干扰的主要耦合方式和抑制方法。

2. 电源抗干扰的主要措施有哪些?

3. 微机系统的低功耗设计,可以从哪些方面考虑?

4. 在输入输出的硬件可靠性设计中,可采用哪些抗干扰措施?

5. 在输入输出的软件可靠性设计中,可采用哪些抗干扰措施?

6. 软件可靠性设计主要包括哪几方面? 简述各自的作用和实现方法。

7. 对于微机系统来说,可能存在的干扰源有哪些? 并简述其引入途径。

8. 有哪些数字滤波的方法? 请简述之。

第 12 章

微控制器应用系统设计

12.1 判断题

1. 在设计印刷电路板之前进行仿真,可以降低软硬件的设计错误率、缩短开发周期、提高设计效率。   （   ）

2. 系统设计选择的元器件性能越高、配置越丰富,越有利于系统设计。   （   ）

3. 若硬件和软件设计都可以实现系统的预期功能,则应尽量用硬件实现,而不要用软件实现。   （   ）

4. 系统软件设计时,尽量采用模块化程序设计,便于分工合作、增强程序可读性。 （   ）

5. 设计硬件电路时,为了提高可靠性,应尽可能选用分立元件。   （   ）

6. 设计硬件时应充分利用微控制器的片内资源。   （   ）

7. 在微机系统硬件电路中,模块之间的连接应注意电平转换或隔离。   （   ）

8. 对于只能采用电池供电的场合,应选用低功耗器件。   （   ）

9. 为减少电源种类,尽可能选用单电源供电的器件、模块。   （   ）

10. 运用 MCU 的 I/O 端口扩展外围电路(芯片)时,要充分考虑端口的驱动能力。 （   ）

11. 当信号共模干扰较大时,应采用差动信号传送。   （   ）

12. 线驱动器具有可变的增益控制功能,有利于长距离传输时的信号品质保证。   （   ）

12.2 选择题

1. 在数字电路调试中,为了观察电路状态变化的逻辑关系,输入信号应为_____。
   A. 单阶跃信号   B. 周期信号   C. 正弦信号   D. 脉冲信号
2. 仿真软件的调试方法不包括_____。
   A. 单步   B. 设置断点   C. 万用表测试   D. 连续运行
3. 软硬件的综合调试,无法发现_____错误。
   A. 参数传递   B. 堆栈溢出   C. 器件极性接反   D. 标志冲突
4. 进行微机系统硬件电路设计时,应_____。
   A. 尽可能选用单电源供电的组件   B. 将各模块直接连接

C. 尽可能选用分立元件 　　　　　　　D. 尽可能通过硬件实现功能

5. 当从较远距离传送模拟信号时,应选用_____进行传输。

A. 电压信号 　　　　　　　　　　　　B. 电流信号

C. 差分信号 　　　　　　　　　　　　D. RS232 信号

6. 数字电路与 MCU 端口连接时,根据不同情况可以采用多种方式,但不采用_____。

A. 直接连接 　　　　　　　　　　　　B. 电平转换后连接

C. 隔离后连接 　　　　　　　　　　　D. 电压跟随器连接

12.3　填空题

1. 系统硬件电路的调试通常包括_____调试和_____调试两种。

2. 微机系统的设计一般包括总体设计、_____、_____、_____和文档编制等多个阶段。

3. 微机系统的软件设计通常包括_____、_____、_____三方面内容。

4. 静态调试的主要目的是排除_____。

5. 动态调试的主要目的是检查_____。

6. 微机系统的设计文档包括_____、_____、_____、_____等内容。

12.4　简答题

1. 微机应用系统的设计过程,通常包括哪些环节?

2. 在微机系统设计中,MCU 的选择应考虑哪两个方面的因素?

3. 简述设计硬件具体电路时需要考虑的因素。

4. 简述仿真调试的作用和常用软件。

5. 简述硬件电路的调试步骤和方法。

6. 简述软件调试的步骤和方法。

7. 微机系统的设计文档,应包括哪些具体内容?

第二篇　读程题/编程题/设计题

## 第 1 部分

读程题

1.1 汇编读程题

1. 下列指令执行后,问(A)以及 PSW 中的 Cy、OV、AC、P 为何值。

(1) 当(A)＝53H,ADD A,♯81H 时,则:

(A)＝＿＿＿＿＿;Cy＝＿＿＿＿＿;OV＝＿＿＿＿＿;AC＝＿＿＿＿;P＝＿＿＿＿＿。

(2) 当(A)＝53H,ADD A,♯8CH 时,则:

(A)＝＿＿＿＿＿;Cy＝＿＿＿＿＿;OV＝＿＿＿＿＿;AC＝＿＿＿＿;P＝＿＿＿＿＿。

(3) 当(A)＝5BH,Cy ＝0,ADDC A,♯72H 时,则:

(A)＝＿＿＿＿＿;Cy＝＿＿＿＿＿;OV＝＿＿＿＿＿;AC＝＿＿＿＿;P＝＿＿＿＿＿。

(4) 当(A)＝5BH,Cy ＝1,ADDC A,♯79H 时,则:

(A)＝＿＿＿＿＿;Cy＝＿＿＿＿＿;OV＝＿＿＿＿＿;AC＝＿＿＿＿;P＝＿＿＿＿＿。

(5) 当(A)＝53H,Cy ＝1,SUBB A,♯0F9H 时,则:

(A)＝＿＿＿＿＿;Cy＝＿＿＿＿＿;OV＝＿＿＿＿＿;AC＝＿＿＿＿;P＝＿＿＿＿＿。

(6) 当(A)＝5BH,Cy ＝0,SUBB A,♯8CH 时,则:

(A)＝＿＿＿＿＿;Cy＝＿＿＿＿＿;OV＝＿＿＿＿＿;AC＝＿＿＿＿;P＝＿＿＿＿＿。

2. 已知程序执行前(40H)＝88H,针对程序段,请回答以下问题。

(1)程序执行后(40H)＝＿＿＿＿＿。

(2)下列程序的功能:＿＿＿＿＿＿＿＿＿＿＿＿＿＿＿＿＿＿＿＿＿＿＿＿＿＿。

```
        MOV     A,40H
        JNB     ACC.7,GO
        CPL     A
        INC     A
        MOV     40H,A
GO:     SJMP    $
```

3. 若(A)＝4AH,(R0)＝50H,(50H)＝0A5H,(60H)＝6AH,(PSW)＝00H,写出执行以下程序后的结果。

```
    MOV     A,@R0
```

```
        MOV     @R0,60H
        MOV     60H,A
        MOV     R0,#58H
```

(A)=_____;(R0)=_____;(50H)=_____;(60H)=_____。

工作寄存器 R0 的物理地址为_____。

4. 读程序,在";"后面加注释,并简述程序的功能,指出程序执行后 SP 指针指向哪里。

```
        MOV     SP,#5FH       ;①_____
        MOV     R7,#08H       ;②_____
        MOV     R0,#3FH       ;③_____
LOOP:   POP     A             ;④_____
        MOV     @R0,A         ;⑤_____
        DEC     R0            ;⑥_____
        DJNZ    R7,LOOP       ;⑦_____
        SJMP    $
```

上述程序的功能:_____。

5. 读程序,在";"后面加注释,并简述程序的功能,指出程序执行后 SP 指针指向哪里。

```
        MOV     SP,#2FH       ;①_____
        MOV     DPTR,#2000H   ;②_____
        MOV     R7,#50H       ;③_____
LOOP:   MOVX    A,@DPTR       ;④_____
        INC     DPTR
        PUSH    Acc           ;⑤_____
        DJNZ    R7,NEXT       ;⑥_____
        SJMP    $
```

上述程序的功能:_____。

6. 设 A=19H,B=81H,执行下述指令,请写出执行各条指令后的结果。

(1)ADD　　A,B　　　　A=_____;B=_____;Cy=_____;P=_____。

(2)DA　　　A　　　　　A=_____;B=_____;Cy=_____;P=_____。

(3)DEC　　A　　　　　A=_____;B=_____;Cy=_____;P=_____。

7. 已知(A)=02H,(SP)=42H,(41H)=0FFH,(42H)=0FFH,请填写执行以下程序段后的结果。

```
        ORG     0100H
        POP     DPH
        POP     DPL
        MOV     DPTR,#3000H
```

```
        RL      A
        MOV     B,A
        MOVC    A,@A+DPTR
        PUSH    ACC
        MOV     A,B
        INC     A
        MOVC    A,@A+DPTR
        PUSH    ACC
        RET
        ORG     3000H
        DB      10H,80H,30H,80H,50H,80H
```

(A)=_____;(SP)=_____;(41H)=_____;(42H)=_____。

8. 执行下列指令后,(A)=_____;(R0)=_____;(C)=_____。

```
        CLR     A
        MOV     R0,♯03H
LOOP：  ADD     A,R0
        DJNZ    R0,LOOP
        SJMP    $
```

9. 执行下列程序后,(A)=_____;(C)=_____。

```
        CLR     C
        MOV     20H,♯99H
        MOV     A,20H
        ADD     A,♯01H
        DA      A
        MOV     20H,A
        SJMP    $
```

如果去掉 DA A 指令,则(A)=_____;(C)=_____。

10. 设(R0)=20H,(R1)=25H,(20H)=80H,(21H)=90H,(22H)=0A0H,(25H)=0A0H,(26H)=6FH,(27H)=76H,执行下列程序段后,(20H)=_____;(21H)=_____;(22H)=_____;(23H)=_____;(C)=_____;(A)=_____;(R0)=_____;(R1)=_____。

```
        CLR     C
        MOV     R2,♯3
LOOP：  MOV     A,@R0
        ADDC    A,@R1
        MOV     @R0,A
```

```
        INC     R0
        INC     R1
        DJNZ    R2,LOOP
        MOV     @R0,#01H
        JC      LOOP1
NEXT：  DEC     @R0
LOOP1：SJMP    $
```

11. 执行以下子程序后,累加器 A 中的值是_____。

```
KS：        MOV     A,#02H
            MOV     DPTR,#KTAB
            MOV     B,#3
            MUL     AB
            JMP     @A+DPTR
KTAB：     LJMP    MEMSP0
            LJMP    MEMSP1
            LJMP    MEMSP2
            LJMP    MEMSP3
MEMSP0：MOV     20H,#01H
            LJMP    S0X0
MEMSP1：MOV     20H,#02H
            LJMP    S0X0
MEMSP2：MOV     20H,#03H
            LJMP    S0X0
MEMSP3：MOV     20H,#04H
S0X0：     MOV     A,20H
            RET
```

12. 执行下列程序段后,(R2)=_____;(R3)=_____。

```
        MOV     R3,#45H
        MOV     DPTR,#TABL
        MOV     A,R3
        ANL     A,#0FH
        MOVC    A,@A+DPTR
        MOV     R2,A
        MOV     A,R3
        ANL     A,#0F0H
        SWAP    A
        MOVC    A,@A+DPTR
```

```
        MOV    R3,A
        ……
        TABL：  DB 0C0H,0F9H,0A4H,0B0H,99H,92H,82H,0F8H,80H,98H
```

13. 设自变量为 X，存放在 ARE 单元，因变量 Y 存放在 BUF 单元。给程序标注注释，说明该段子程序的功能，并写出 Y 与 X 的函数关系式。

```
START：  MOV    DPTR,♯ARE       ;①_____
        MOVX   A,@DPTR         ;②_____
        JZ     SUL             ;③_____
        JB     ACC.7,NEG       ;④_____
        MOV    A,♯02H          ;⑤_____
SUL：    MOV    DPTR,♯BUF       ;⑥_____
        MOVX   @DPTR,A         ;⑦_____
        RET
NEG：    MOV    A,♯0FEH         ;⑧_____
        SJMP   SUL
```

14. 执行下列程序段后,(R0)＝_____;(7EH)＝_____;(7FH)＝_____。

```
        MOV    R0,♯7EH
        MOV    7EH,♯0FFH
        MOV    7FH,♯40H
        INC    @R0
        INC    R0
        INC    @R0
```

15. 已知内部 RAM 的 20H 单元内容为 01H,执行下列程序后,(30H)＝_____。

```
        MOV    A,20H
        INC    A
        MOV    DPTR,♯2000H
        MOVC   A,@A＋DPTR
        CPL    A
        MOV    30H,A
        SJMP   $
        ORG    2000H
        DB     01H,02H,0A4H,6CH,78H
```

16. 阅读并填空,使该子程序具有如下功能:对存放在内部 RAM、首址为 40H 的 10 字节字符串,在每一个字符的最高位加上偶校验位,存回原地址处。

源程序：

```
        ORG    1000H
        MOV    R0, #40H
        MOV    R7, #10
NEXT:   MOV    A, ①_____
        LCALL  SEPA
        MOV    @R0, A
        INC    R0
        DJNZ   ②_____, NEXT
        SJMP   $


SEPA:   ③_____  P, SRET
        ORL    A, ④_____
SRET:   ⑤_____
```

17. 阅读以下子程序, 说明其功能为_____。

```
MUL10:  MOV    R0, #data
        MOV    A, R0
        RL     A
        MOV    R1, A
        RL     A
        RL     A
        ADD    A, R1
        MOV    R0, A
        RET
```

18. 阅读以下程序段, 试分析程序执行到 SJMP $ 时, X、Y 和 Z 中的值。

```
        X     EQU    41H
        Y     EQU    42H
        Z     EQU    43H
        ORG    0000H
        MOV    SP, #50H
        MOV    X, #15
        MOV    Y, #10
        MOV    Z, #20
        LCALL  SUB
        SJMP   $


        ORG    0100H
SUB:    NOP
```

```
           INC    X
           DEC    Y
           MOV    A,Y
           JZ     SRET
           LCALL  SUB
    SRET:  INC    Z
           RET
```

(X)=_____;(Y)=_____;(Z)=_____。

19. 已知(A)=10H,(DPTR)=0100H,执行以下程序后,(A)=_____,(DPTR)=_____,说明程序的功能为_____。

```
    SBR:   DEC    A
           JZ     SBR1
           LCALL  SBR
    SBR1:  INC    DPTR
           RET
```

20. 已知 SP 的地址为 81H,B 的地址为 F0H,DPH 的地址为 83H,DPL 的地址为 82H。

要求:

(1)写出下列程序段的机器码。

(2)写出执行下列程序段后,SP、DPH、DPL、A、B 寄存器的值。

```
           SPDAT  EQU    40H
           ANMB   EQU    30H
           ADR1   EQU    20H
           ORG    0100H
    STSRT: MOV    SP,♯SPDAT     ;75H,①_____,②_____
           MOV    A,♯ANMB       ;74H,③_____
           LCALL  0500H         ;12H,④_____,⑤_____
           MOV    ADR1,♯10H     ;75H,⑥_____,⑦_____
           ADD    A,ADR1        ;25H,⑧_____
           MOV    B,A           ;0F5H,⑨_____
    L1:    SJMP   L1            ;80H,⑩_____
           ORG    0500H
           MOV    DPTR,♯010DH   ;90H,⑪_____,⑫_____
           PUSH   DPL           ;0C0H,⑬_____
           PUSH   DPH           ;0C0H,⑭_____
           RET                  ;22H
```

(SP)=_____;(DPH)=_____;(DPL)=_____;(A)=_____;(B)=_____。

21. 阅读以下程序,然后回答问题。

```
        ORG     0200H
MAIN：  MOV     SP,♯20H
        MOV     R0,♯30H
        MOV     R1,♯60H
        MOV     R2,♯08H
AB1：   MOV     A,@R0
        LCALL   TRAN
        SWAP    A
        MOV     @R1,A
        INC     R0
AB2：   MOV     A,@R0
        LCALL   TRAN
        XCHD    A,@R1
        INC     R0
        INC     R1
        DJNZ    R2,AB1
HERE：  SJMP    HERE
        ORG     0300H
TRAN：  CLR     C
        SUBB    A,♯30H
        CJNE    A,♯0AH,BB
BB：    JC      DONE
BC：    SUBB    A,♯07H
DONE：  RET
```

(1) 设 30H~3FH 的内容分别为 30H,31H,32H,33H,34H,35H,36H,37H,38H, 39H,41H,42H,43H,44H,45H,46H。程序执行后,请将 RAM 中 60H~67H 单元的内容填入下表:

单元地址	60H	61H	62H	63H	64H	65H	66H	67H
单元内容								

(2) 子程序 TRAN 的功能是什么? 其入口参数是什么? 其出口参数是什么?

22. 子程序的现场保护有三种方式,以下列 SUB 子程序为例,用堆栈保护 ACC、B,用内部 RAM 20H 单元保护 PSW,用切换工作寄存器组的方式保护 Rn(假设调用该子程序的主程序使用工作寄存器组 0),请将该子程序补充完整。

```
SUB：   PUSH        ACC
        PUSH        ①_____
```

```
        MOV         ②_____ , PSW
        SETB        RS0
        NOP
        ...
        NOP
②_____          RS0
        MOV         ④_____ , 20H
        POP         ⑤_____
        POP         ⑥_____
⑦_____
```

23. 阅读以下程序，试问子程序 FILTER（此处省略）共被调用了多少次？

```
SUB：   MOV         R1,♯2
        MOV         R2,♯250
LOOP：  LCALL       FILTER
        DJNZ        R2,LOOP
        DJNZ        R1,LOOP
        RET
```

24. 阅读下列子程序，给出该子程序的总运行时间（用算式表示），设机器周期为 $1\mu s$。

```
DELAY：  MOV        R7,♯M        ;单周期指令
DELAY1： MOV        R6,♯N
        DJNZ        R6,$         ;双周期指令
        DJNZ        R7,DELAY1
        RET
```

25. 给出下述延时子程序的执行时间算式（设 8051 微控制器的晶振频率为 12MHz），指令后面的注释表示该指令的机器周期数。若要使该子程序延时 0.5ms，则其中的 N 应为多少？

```
                              （机器周期）
DELAY：  PUSH       30H          ;2T
        MOV         30H,♯N       ;1T
DL1：   NOP                      ;1T
        NOP                      ;1T
        DJNZ        30H,DL1      ;2T
        POP         30H          ;2T
        RET                      ;2T
```

26. 若 A 的初值为 4，阅读以下子程序，回答问题。

（1）程序的功能是：将从外部 RAM _____ 单元开始的_____个单元内容移入内

部 RAM 51H 单元开始的 16 个单元中。

（2）程序返回时，DPTR 的值为＿＿＿＿＿＿＿＿。

（3）指令 MOV　SP,R6 的作用是＿＿＿＿＿＿＿＿＿＿。

```
SDMB:    MOV       R7,♯16
         MOV       DPTR,♯DTABL
         MOVC      A,@A+DPTR
         MOV       DPL,A
         MOV       DPH,♯20H
         MOV       R6,SP
         MOV       SP,♯50H
SLP:     MOVX      A,@DPTR
         PUSH      ACC
         INC       DPTR
         DJNZ      R7,SLP
         MOV       SP,R6
         RET
DTABL:   DB        00H,10H,20H,40H,60H,80H,0A0H,0C0H,0E0H
```

27. 阅读下列程序，画出 P1.0～P1.3 引脚上的电压—时间（$U-t$）波形图。

```
         ORG       0000H
START:   MOV       SP,♯20H
         MOV       30H,♯0FFH
MLP0:    MOV       A,30H
         CJNE      A,♯08H,MLP1
         MOV       A,♯00H
MLP2:    MOV       30H,A
         MOV       DPTR,♯ITAB
         MOVC      A,@A+DPTR
         MOV       P1,A
         LCALL     D20ms
         SJMP      MLP0
MLP1:    INC       A
         SJMP      MLP2
ITAB:    DB        1,2,4,8
         DB        8,4,2,1
         ORG       0100H
D20ms:   ……
         RET
```

28. 对于主频为 12MHz 的 8051 微控制器系统,阅读程序回答以下问题。

(1)定时器 T0 为何种工作方式?

(2)定时器 T0 的定时时间为多少?

(3)程序产生的是什么波形?

(4)波形从哪个引脚输出?

(5)输出波形的频率和周期各是多少?

```
        ORG     0000H
        LJMP    MAIN
        ORG     000BH
        LJMP    INTT0
        ORG     0030H
INTT0:  MOV     TH0,#3CH
        MOV     TL0,#0B0H
        CPL     P1.0
        RETI
        ORG     0100H
MAIN:   MOV     SP,#5FH
        MOV     TMOD,#00000001B
        MOV     TH0,#3CH
        MOV     TL0,#0B0H
        SETB    ET0
        SETB    EA
        SETB    TR0
        SJMP    $
        END
```

29. 阅读下段程序,给程序加上注释,说明程序实现的功能以及看到的现象。

```
        LED     BIT     P1.0
        ORG     0000H
        LJMP    MAIN
        ORG     000BH
        LJMP    SERVE

MAIN:   MOV     TMOD,#01H       ;T0 工作方式 1
        MOV     TH0,#3CH        ;定时 50ms
        MOV     TL0,#0B0H
        MOV     R0,#20
        MOV     R1,#60
```

```
        SETB    ET0
        SETB    EA
        SETB    TR0
        SJMP    $
SERVE: MOV     TH0,♯3CH        ;①_____
        MOV     TL0,♯0B0H
        DJNZ    R0,RET1         ;②_____
        MOV     R0,♯20          ;③_____
        CPL     LED             ;④_____
        DJNZ    R1,RET1         ;⑤_____
        CLR     TR0             ;⑥_____
RET1:  RETI
        END
```

程序实现的功能：_____。

看到的现象：_____。

30. DAC0832 与 MCU 的连接电路如图 2-1 所示，阅读程序，回答下列问题。

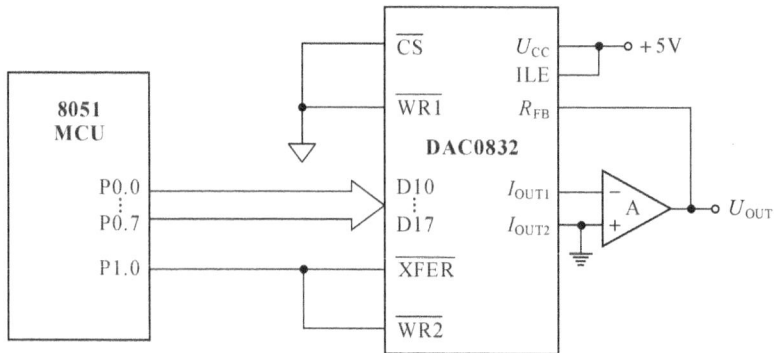

图 2-1　DAC0832 单缓冲连接电路

(1) 画出 D/A 转换器 DAC0832 的输出波形图($U-t$)，并标出横坐标、纵坐标上关键点的参数(最大 $U_{OUT}=5V$)。

(2) 说明程序运行结果。

```
        ORG     0000H
MAIN:  MOV     SP,♯40H
DAI:   MOV     A,♯40H
DA2:   CLR     P1.0
        MOV     P0,A                ;输出模拟量
        SETB    P1.0
        LCALL   D0.1ms
        INC     A
```

```
        JNZ     DA2
DA3：    DEC     A
        CLR     P1.0
        MOV     P0,A              ;输出模拟量
        SETB    P1.0
        LCALL   D0.1ms
        CJNE    A,♯20H,DA3
        SJMP    DA1

D0.1ms：……                        ;延时 0.1ms 子程序省略
        RET
        END
```

1.2　C51 读程题

1. 阅读程序,回答以下问题。

(1)程序中定义的指针分别指向哪个存储空间?

(2)程序实现的功能。

```
♯include <reg51.h>
♯define   uchar unsigned char
void main (void)                  //主程序
{
    uchar i;
    uchar data * pt1;
    uchar xdata * pt2;
    pt1 = 0x30;
    pt2 = 0x0100;
    for(i = 0;i<10;i ++ )
    {
        * pt1 = * pt2;
        pt1 ++ ;
        pt2 ++ ;
    }
    while(1);
}
```

2. 阅读以下程序，分析程序实现的功能。

```
void main(void)
{
    char array[] = {3,78,-10,58,-1,24,112};
    unsigned char i,j,temp;
    for(i = 0;i<7;i++)
    {
        for(j = 0;j< 7 - i;j++)
        {
            if(array[j]< array[j+1])
            {
                temp = array[j];
                array[j] = array[j+1];
                array[j+1] = temp;
            }
        }
    }
}
```

3. 阅读以下程序，分析 P2.0 与 P2.1 输出的信号(设系统晶振频率为 12MHz)。

```
#include<reg51.h>
sbit D1 = P2^0;                      //将 D1 位定义为 P2.0 引脚
sbit D2 = P2^1;                      //将 D2 位定义为 P2.1 引脚
unsigned char Countor1;
unsigned char Countor2;
void main(void)
{
    EA = 1;
    ET1 = 1;
    TMOD = 0x10;
    TH1 = 0x3C;
    TL1 = 0xB0;
    TR1 = 1;
    Countor1 = 0;
    Countor2 = 0;
    while(1);
}
void Time1(void) interrupt 3 using 0        //中断函数
```

```
{
    Countor1 ++ ;
    Countor2 ++ ;
    if(Countor1 == 2)
        {
            D1 = ~D1 ;
            Countor1 = 0 ;
        }
    if(Countor2 == 8)
        {
            D2 = ~D2 ;
            Countor2 = 0 ;
        }
    TH1 = 0x3C ;
    TL1 = 0xB0 ;
}
```

4. 阅读以下程序，分析程序实现的功能(设系统晶振频率为 12MHz)。

```
# include <reg51.h>
unsigned char i ;
sbit P1_1 = P1^1 ;
void main()
{
    i = 0 ;
    TMOD = 0x10 ;
    TH1 = (65536 - 10000)/256 ;
    TL1 = (65536 - 10000) % 256 ;
    EA = 1 ;
    ET1 = 1 ;
    TR1 = 1 ;
    while(1) ;
}
void timer1_int(void) interrupt 3
{
    TH1 = (65536 - 10000)/256 ;
    TL1 = (65536 - 10000) % 256 ;
    i ++ ;
    if(i == 2)
        P1_1 = 0 ;
```

```
        else if(i == 3)
        {
            i = 0;
            P1_1 = 1;
        }
    }
```

5. 阅读程序,回答以下问题。

   (1) Tab[]数组的存储空间是什么?

   (2) 使用的数码管是共阴结构还是共阳结构?

   (3) 程序实现了什么功能?

```
#include<reg51.h>
void main(void)
{
    unsigned char i;
    unsigned char code Tab[10] = {0x3f,0x06,0x5b,0x4f,0x66,0x6d,0x7d,0x07,0x7f,0x6f};
    P2 = 0xfe;                      //P2 口作为数码管的位控输出口;P2.0 引脚
                                    //输出低电平,最低位数码管使能工作
    while(1)                        //无限循环
    {
        for(i = 0;i<10;i++)
        {
            P0 = Tab[i];            //P0 口作为数码管的段码输出口
            delay();               //调用延时函数
        }
    }
}
```

6. 已知开关 K1、K2、K3、K4 分别与 P3.2~P3.5 连接;P1 与 6 位共阳数码管段码输出端连接,P2 与 6 位共阳数码管位码输出端连接。阅读程序,回答以下问题。

   (1)简述两个中断函数的功能。

   (2)简述整个程序的具体功能。

```
#include<reg51.h>
#define uchar unsigned char
#define unit unsigned int
sbit K3 = P3^4;
sbit K4 = P3^5;
uchar code DSY_CODE[] = {0xc0,0xf9,0xa4,0xb0,0x99,0x92,0x82,0xf8,0x80,0x90};
uchar code DSY_SCAN_BIT[] = {0x01,0x02,0x04,0x08,0x10,0x20};
```

```
uchar data buffer_counts[] = {0,0,0,0,0,0};
uint count_a = 0,count_b = 0;
void show_counts()
{
    uchar i;
    buffer_counts[2] = count_a/100;
    buffer_counts[1] = count_a % 100/10;
    buffer_counts[0] = count_a % 10;
    buffer_counts[5] = count_b/100;
    buffer_counts[4] = count_b % 100/10;
    buffer_counts[3] = count_b % 10;
    for(i = 0;i< = 6;i ++ )
    {
        P2 = DSY_SCAN_BIT[i];
        P1 = DSY_CODE[buffer_counts[i]];
        delsyms(1);                    //延时函数,此处略
    }
}


void main()
{
    IE = 0x85;
    PX0 = 1;
    IT0 = 1;
    IT1 = 1;
    while(1)
    {
        if(k3 == 0) count_a = 0;
        if(k4 == 0) count_b = 0;
        show_counts();
    }
}
void EX_INT0()interrupt0
{
    count_a ++ ;
}
void EX_INT1()interrupt2
{
```

```
        count_b ++ ;
    }
```

7. 已知 P3.2 连接外部脉冲,阅读程序说明其实现的功能。

```
# include<reg51.h>
# define uchar unsigned char
uchar a,b;
sbit u = P3^2;                        //将 u 位定义为 P3.2
void main(void)
{
    TMOD = 0x01;                      //TMOD = 0000 0001B,使用定时器 T0 的模式 1
    EA = 1;                           //开放总中断
    EX0 = 1;
    IT0 = 1;
    ET0 = 1;
    TH0 = 0;                          //定时器 T0 赋初值 0
    TL0 = 0;                          //定时器 T0 赋初值 0
    TR0 = 0;                          //先关闭 T0
    while(1) ;
}
void int0(void) interrupt 0 using 0
{
    TR0 = 1;                          //启动 T0 计时
    TL0 = 0;                          //从 0 开始计时
    while(u == 0) ;
    TR0 = 0;                          //关闭 T0
    a = TL0;
    b = TH0;
}
```

8. 结合硬件连接图(见图 2-2),阅读程序,分析其功能。

```
# include<reg51.h>
sbit AddA = P2^0;
sbit AddB = P2^1;
sbit AddC = P2^2;
sbit AdSta = P2^3;
sbit AdOE = P2^4;
sbit AdEOC = P3^2;
sbit DAXFER = P2^5;
```

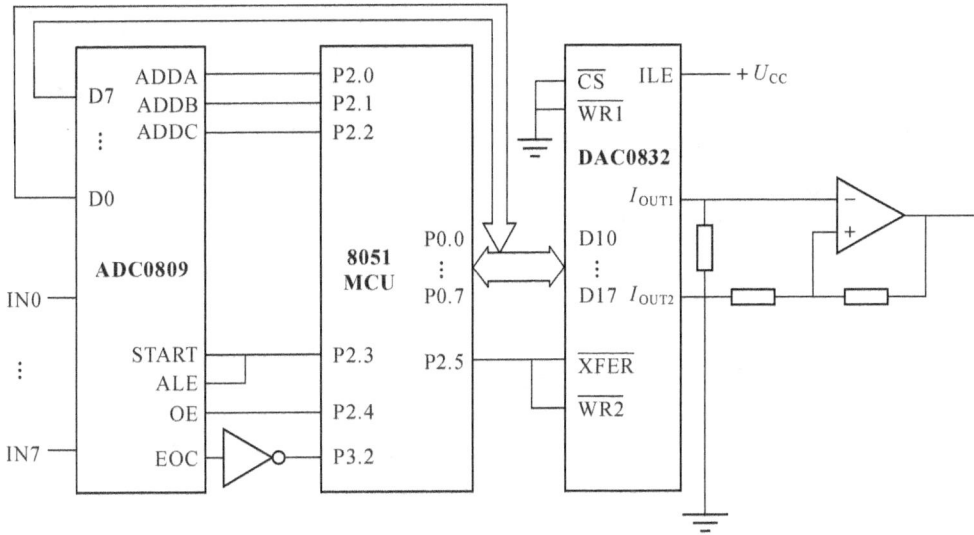

图 2-2 MCU 与 ADC、DAC 的连接图

```c
void main()
{
    unsigned char i;
    unsigned char temp = 0, max = 0;
    while(1)
    {
        for(i = 0; i<8; i++ )
        {
            P2 = i;
            AdSta = 1;
            _nop_();_nop_();
            AdSta = 0;
            while(! AdEOC == 1);
            while(! AdEOC == 0);
            AdOE = 1;
            temp = P0;
            AdOE = 0;
            if(temp>max)
                max = temp;
        }
        P0 = max;
        AdSta = 0;
        _nop_();
```

```
            AdSta = 1;
        }
    }
```

9. 阅读以下程序并填写空白处,实现微控制器接收 PC 机数据。

```
# include<reg51.h>
unsigned char Receive(void)              //接收一个字节数据
{
    unsigned char dat;
    while(  ①    );
        ②    ;
        dat = SBUF;                      //将接收缓冲器中的数据存于 dat
        return dat;
}
void main(void)
{
    TMOD =  ③   ;                        //定时器 T1 工作于方式 2
    SCON = 0x50 ;                        //串口工作方式 1
    PCON = 0x00;
    TH1 = 0xfd;
    TL1 = 0xfd;
    TR1 = 1;                             //启动定时器 T1
      ④   ;                             //允许接收
    while(1)
    {
        P1 = Receive();                 //将接收到的数据送 P1 口显示
    }
}
```

10. 阅读以下程序并填写空白处,实现双机通信中的甲机向乙机发送程序,校验方式为累加和校验。

```
# include<reg51.h>
# define uchar unsigned char
# define uint   unsigned int
uchar buf[16];                          //待发送数据
uchar chksum;                           //校验和
void init(void)
{
    TMOD = 0x20;
```

```
    TH1 = 0xFD;
    TL1 = 0xFD;
    PCON = 0x00;
    SCON = 0x50;
}
void main(void)
{
    init();
    uchar i;
    do
    {
        SBUF = 0xAA;                    //发送联络信号 "0xAA"
        while(①      );                 //等待发送结束
               ②      ;
        while(③      );                 //等待乙机响应
               ④      ;
    }
    while(( SBUF^0xDD)! = 0);            //乙机未准备好,继续联络
    do
    {
        chksum = 0;
        for(i = 0; i<16; i ++ )
        {
            SBUF = buf[i];
            ⑤      ;                     //求校验和
            while(TI == 0);
            TI = 0;
        }
            ⑥      ;                     //发送校验和
        while(TI == 0);
            TI = 0;
        while(RI == 0);                  //等待乙机响应
            RI = 0;
    } while(SBUF! = 0x00);               //出错则重发
}
```

第 2 部分

编程题

1. 分别给外部 RAM 0000H～00FFH 单元赋值 00H～FFH。

2. 使内部 RAM 30H～3FH 单元中,内容为非 0 单元的值减 1,内容为 0 单元的值保持不变。

3. 从外部 RAM 1200H 单元开始,有 len 个字节数据。试编程把其中的正数、负数分别送 40H 和 50H 开始的内部 RAM 单元,0 不传送。

4. 有一数据块存放在内存 30H 开始的 80 个单元中,请查找关键字(存放在 R3 中)。若能查找到该关键字,则将其存放地址放入 A;若查找不到,则将 FFH 放入 A。

5. 设有一张存放在 ROM 中具有 len 个元素的表格,要求查找该表格中是否存在关键字(存放在 30H 中)。若有,则将其地址存入 R3、R2 中;否则,将 R3、R2 清零。表格首址为 TABL。

6. 设一字符串存放在外部 RAM 1000H 为首址的存储区域中,字符串以回车符 CR('CR'=0DH)为结束字符。编程统计该字符串中字符 B('B'=42H)的个数,并保存到 R1 中。

7. 编程实现字符串长度统计:设内部 RAM 从 STR 单元开始存放有一字符串的 ASCII 码,该字符串以 $ 的 ASCII 码 24H 结束,试统计该字符串的长度,并存放到 LON 单元。

8. 从外部 RAM 1000H 开始,有 N 个带符号数,请找出其中的最大值和最小值,分别存入内部 RAM 的 30H、31H 单元。

9. 用查表法编写求 0～20 的平方值的子程序。已知 x 为 1 至 20 之间的数,求 x 的平方,并将高位存入 R6、低位存入 R7。

10. 设计程序,实现任意字节(设为 n 字节)压缩 BCD 码的相加。两个加数分别存放在外部 RAM 1000H 和内部 RAM 30H 开始的单元中,结果保存到内部 RAM 40H 开始的单元中。

11. 设计程序,实现多字节(设字节数为 n)十六进制无符号数的减法。被减数和减数分别存放在外部 RAM 1000H 和内部 RAM 30H 开始的单元中,结果保存到内部 RAM 40H 开始的单元中。若最高字节相减时有借位,则将 F0 标志置 1。

12. 设有两个无符号数 x、y 分别存放在内部 RAM 的 50H、51H 单元中,试编写程序实现 $10x+y$,结果保存到 52H、53H 两个单元中。

13. 从内部 RAM 30H 单元开始,存放着一串带符号数(负数用补码表示),数据长度在

10H 单元中;编程分别求其中正数之和与负数之和,并分别存入内部 RAM 2CH 和 2EH 开始的 2 个单元中。

14. 编写程序,将存放在 30H 单元开始的 8 字节 ASCII 码,转换为 4 字节十六进制数。

15. 编写程序,将从 2000H 单元开始存放的 100 个 ASCII 码,加上奇校验后依次从 8051 微控制器的 P1 口输出。

16. 电路连接如图 2-3 所示,编程实现:用按键 K0 控制 $\overline{INT0}$ 中断,按一次 K0,LED 以 250ms 的间隔亮灭闪烁;再按一次 K0,LED 熄灭;不断操作 K0,按此方式予以响应。

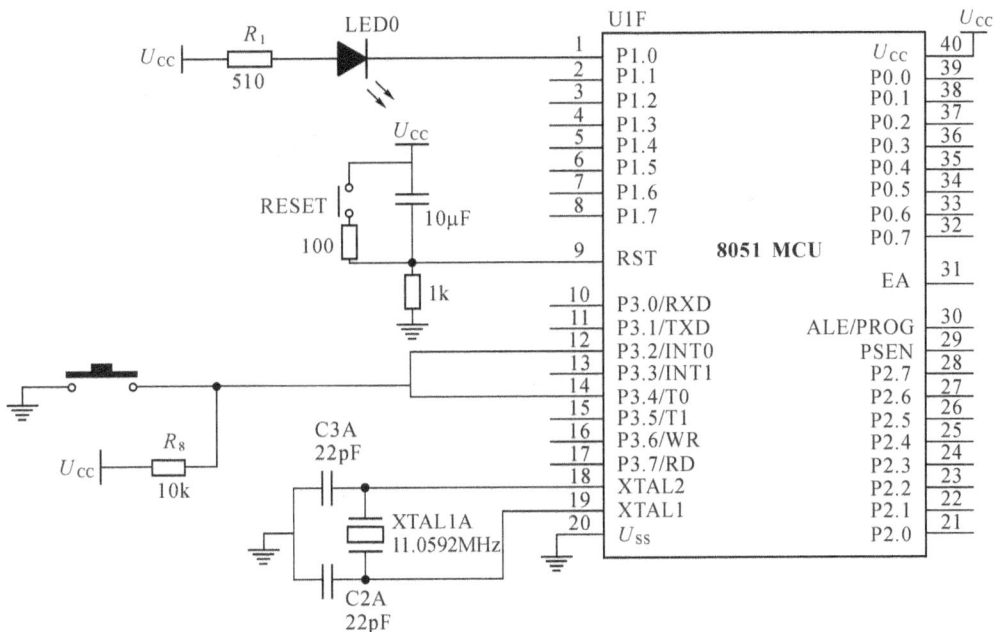

图 2-3　外部中断及外部脉冲计数硬件电路

17. 已知晶振频率为 6MHz,在 P1.0 引脚上输出周期为 $500\mu s$ 的方波,试用中断方式编写程序。

18. 一个 8 段数码管的连接电路如图 2-4 所示。编写程序,使得数码管的 a、b、c、d、e、f 各段依次循环显示,每段显示时间为 200ms。

19. 一个球从 100 米的高度落下又弹起,每次落地后弹回原高度的一半。请编写一个程序,计算出第 10 次落地后弹起的高度。

20. 设计一个计算 $z = 1/\sqrt{x^2 + y^2}$ 的函数,x、y 为浮点型形参,z 为浮点型返回值(利用 Keil C 库函数 math. h)。

21. 设计程序,实现对 N 个带符号数从大到小排序,并统计出数据比较的次数及交换的次数。

22. 设计程序,求出存于数组 reg[]的 16 个带符号数的平均值,并统计大于、等于和小于均值的数据的个数。

23. 已知 8051 MCU 的晶振频率为 12MHz,试编程实现:用 T1 定时,由 P1.0 和 P1.1 分

别输出周期为 2ms 和 $500\mu s$ 的方波。

24. 编写程序,在 P1.0 口产生频率为 100Hz、占空比为 30％的矩形波。

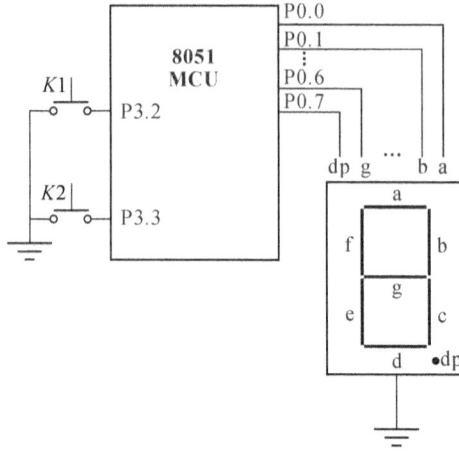

图 2-4   一个 8 段数码管的连接电路

第 3 部分

设计题

1. 一微控制器系统有 2 个开关 K1 和 K2，1 个共阴数码管，硬件连接如图 2-4 所示。要求当 K1 按下时，数码管加 1，K2 按下时，数码管减 1。编程实现上述功能。
2. 基于测频原理，设计程序实现外部脉冲频率的测量。
3. 基于测周原理，设计程序实现外部脉冲周期的测量。
4. 利用 8051 微控制器的定时器，设计从一条 I/O 口线输出周期为 200ms 的 PWM 波，占空比按 10% 的步进从 0 到 90% 改变（即 10%、20%、30%、…、90% 再到 0，如此循环）。设每隔 2s，改变一档占空比。
5. 8 位数码管的动态显示电路如图 2-5 所示，采用共阴数码管。设计程序实现 8 个数码管从右到左滚动显示 10 个数字。

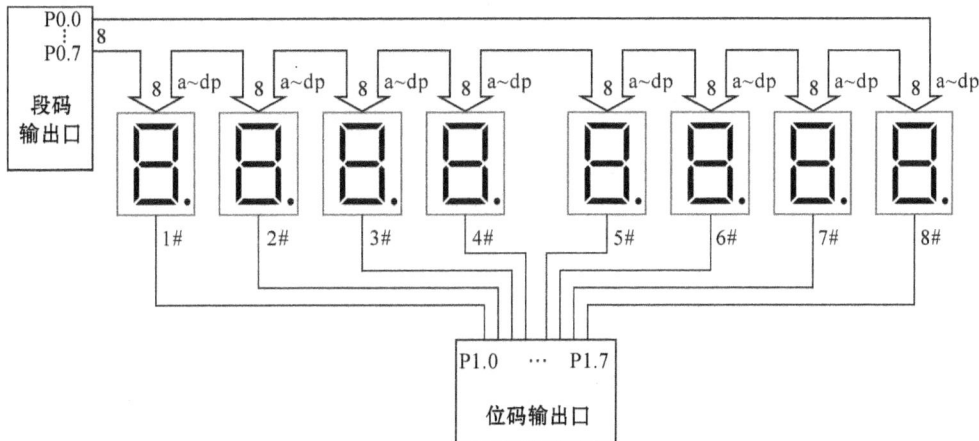

图 2-5　8 位数码管动态显示电路

6. 基于图 2-5 所示的数码管动态显示电路，设计程序实现滚动显示 8 位数码管的边缘各段（1♯数码管应显示向外的 d、e、f、a 共 4 段，8♯数码管应显示向外的 a、b、c、d 共 4 段，其余 6 个数码管将显示上方的 a 段和下方的 d 段），显示出滚动运行的大方框（滚动速度为 150ms）。
7. 设计一个电机测速、报警系统，已知直流测速电机的输出电压为 0～5V 时，对应转速为 0～1024rad/min，设系统晶振频率为 12MHz，要求：
   (1) 画出 8 路电机转速测量、报警系统硬件组成结构。

（2）以 100ms 间隔轮流采集 8 路电机的转速，存入 40H～47H 单元。

（3）判断 8 路电机的转速，对于转速低于 512rad/min 的电机，点亮对应的 LED 予以
　　报警。

8. 数据采集电路如图 2-6 所示。设计程序，以每秒为间隔轮流采集 ADC0809 的 8 路模拟
信号，并在 6 个数码管上显示当前测量通道的通道号和采样值（显示方式：$CH_x = YY$，
其中 CH 表示通道，x 为当前的通道号，YY 为 A/D 转换结果）。

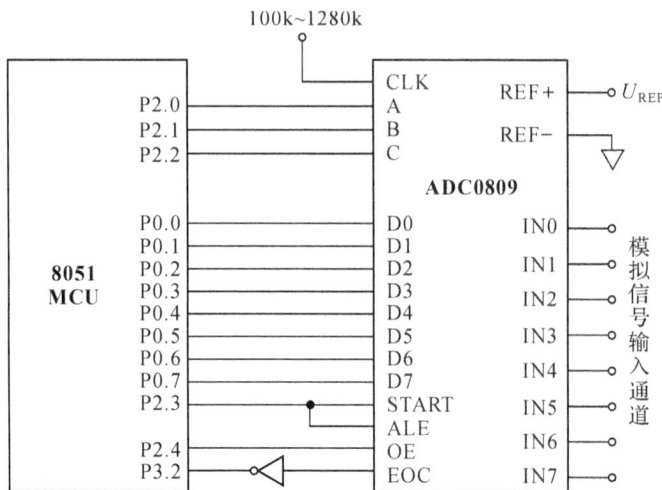

图 2-6　采用 ADC0809 的数据采集电路

9. DAC0832 与 8051 MCU 的连接电路如图 2-7 所示。设计程序，要求输出波形、幅值、周
期如图 2-8 所示的三角波。已知 DAC0832 的最大输出电压为 +5V，系统晶振频率
为 12MHz。

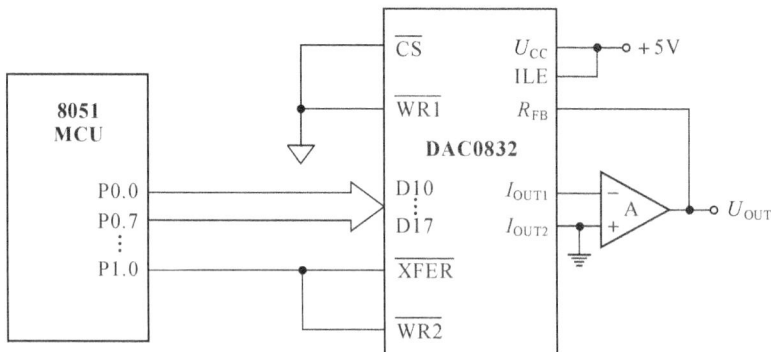

图 2-7　DAC0832 的接口电路

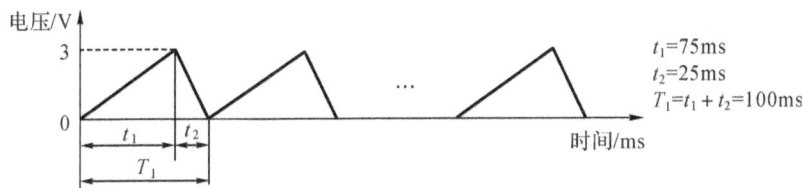

图 2-8 要求输出的三角波

10. 采用 RS485 总线构建的多机通信系统如图 2-9 所示,设从机 1～从机 n 的地址分别为 1～n。请编写主、从机通信程序。具体要求:主机将外部 RAM 2000H 开始的 255 个数据传送给地址为 06H 的从机,从机将接收的数据保存到外部 RAM 1000H 开始的 255 个单元中。设系统频率为 12MHz,采用的通信波特率为 9600bps。

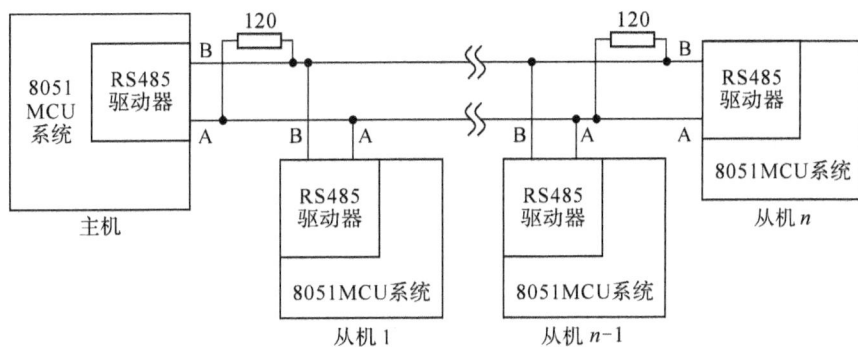

图 2-9 RS485 多机通信系统

第三篇　各章习题参考答案

第1章

微机技术概论

1.1 判断题

题目	1	2	3	4	5	6	7	8	9	10	11	12	13	14	15	16	17	18
答案	√	√	√	√	√	√	×	√	√	√	√	√	√	√	√	×	√	×

1.2 选择题

题目	1	2	3	4	5	6	7	8	9	10	11	12
答案	D	A	B	A	D	A	B	C	C	D	B	A

1.3 填空题

1. 222   DEH   90   5AH   171   ABH   95   5FH

2. E0H   8FH   35H   27H

3. 1010000.1B   1100101.011B   100000010.111B   1000000101.0001B

4. 103   254   16384   41927

5. 75.125   108.625   249.875   237.5625

6. 10001100   11110011   11110100

7. 01110011   01110011   01110011

8. RAM   ROM   RAM   临时性数据

9. CPU   存储器   输入输出接口

10. 数据总线   地址总线   控制总线

11. 哈佛   普林斯顿   CISC   RISC

12. 地址线数目   256

13. 2^n 个存储单元　$2^{13} = 8192 = 8\mathrm{K}$

14. 三态　锁存

1.4　简答题

1. (1) 119　119

(2) 221　-35

(3) 255　-1

2.

	原码	反码	补码
-65	11000001B	10111110B	10111111B
$+95$	01011111B	01011111B	01011111B
$+127$	01111111B	01111111B	01111111B
-128	无	无	10000000B

3. 半导体存储器由存储矩阵、地址译码器、三态输入/输出缓冲器组成。

存储矩阵:由大量能够存储 0、1 信息的存储元件组成。对于一个 8 位 8K 的存储器芯片,其每个存储单元能够存放 8 位二进制信息,共有 8192 个存储单元。

地址译码器:对输入到芯片地址引脚上的信号进行译码,用于产生存储矩阵中相应存储单元的选通信号。

三态输入/输出缓冲器:连接芯片内部存储单元与外部数据总线,根据片选信号、读/写信号,控制三态缓冲器从内到外或从外到内选通,实现数据的读出或写入。

4. 微机技术发展的两大分支是通用微型计算机和嵌入式微型计算机。通用微型计算机的主要技术发展方向是满足人类无止境的高速、海量运算和处理的需求;嵌入式微型计算机的主要技术发展方向是满足各领域不断增长的实时测控和各种嵌入式应用的需求。

5. 通用微型计算机的主要用途是科学计算、数值分析、图像处理、模拟仿真、人工智能、多媒体和网络通信等,其发展动力和方向是满足人类无止境的高速、海量运算和处理的需求,其核心部件微处理器经历了 8 位、16 位过渡到 32 位、64 位,以及多核等发展时期。

嵌入式计算机以嵌入到对象体系中,实现对象体系的测控智能化为目的,其发展动力和方向是满足各领域不断增长的实时测控和各种嵌入式应用的需求。嵌入式系统的性能不断提升,如增强了实时测量、控制以及响应外部事件的能力,降低了功耗和成本,减小了体积,优化和完善了开发环境等。

6. 微处理器:可编程化的特殊集成电路,也称为中央处理器(CPU),是微型计算机的核心部件。

嵌入式系统:相对于通用微型计算机而言,是嵌入到对象体系中、实现嵌入对象智能化的计算机。它把微型计算机的主要组成部件,如 CPU、存储器(ROM/RAM)、输入输出(I/O)接口等集成在一块芯片上,即将微型计算机芯片化,也称为单片微型计算机。

微控制器:主要面向测控领域应用的单片微型计算机。在单片微型计算机上,不断提升面向实际应用的测量与控制的实时响应和处理能力,添加能实现嵌入对象测控要求的功能模块电路。因此,它也是一种嵌入式系统。

嵌入式系统具有三个基本特点:"嵌入性"、"计算机"与"专用性"。"嵌入性"是指将微型计算机嵌入到对象体系中,实现对象体系的智能测量与控制。"计算机"是指单片形态的微型计算机,是对象系统智能化的根本保证。"专用性"是指在满足测控要求及环境条件的基础上,考虑软、硬件的可裁剪性和可因需设置,从而构成能够满足嵌入对象实际需求的专用微型计算机。

7. 微控制器的存储结构包括哈佛结构和普林斯顿结构两种。

哈佛结构:将程序存储和数据存储分为两个寻址空间,指令和数据可采用不同的数据宽度,具有较高的执行效率,是微控制器常用的存储结构。

普林斯顿结构:也称冯·诺依曼结构,将程序存储器和数据存储器合并在同一个寻址空间。ROM 和 RAM 指向同一个存储器的不同物理位置,指令和数据的宽度相同,是通用微型计算机常用的存储结构。

8. (1)CISC 结构:复杂指令集计算机体系。其设计理念是用最少的指令完成所需的计算、控制任务,即尽量简化软件设计。

优点:寻址方式多、指令丰富,一条指令往往可以完成一串动作,且具有专用指令(如各种运算、控制转移指令等);因此对于复杂计算与操作的程序设计相对容易,编程效率较高。

缺点:CISC 指令的长度不同,操作进程、代码结构复杂,执行速度慢;该体系的 CPU 硬件结构复杂、面积大、功耗大,对工艺要求高。

(2)RISC 结构:精简指令集计算机体系。其设计理念是尽可能简化指令系统,提高程序运行速度,以满足微控制器在测量与控制应用中的实时性要求。

优点:单周期、定长代码的指令体系,每条指令操作少,具有归一化的指令操作进程,简单高效;每条指令都有归一化的取指、译码、操作、回授 4 个进程,可实现 4 条指令相差一个进程的并行流水操作,大大提高了指令的运行速度。指令代码短、种类少、格式规范,并且 CPU 硬件结构简单、布局紧凑。

缺点:对于特殊或复杂功能的程序,汇编程序设计难度增大,编程效率较低,并且一般需要较大的内存空间。

9. 微控制器内部总线根据功能分为数据总线、地址总线和控制总线。数据总线是双向的,用于传送数据,实现 CPU 与存储器、I/O 接口、各功能模块之间的信息交互。地址总线是单向的,用于 CPU 传送地址信息,实现对存储器和 I/O 接口的访问。控制总线是单向的,是各种控制信号的组合,用来传送控制信号或时序信号,对 CPU 而言,有些向外,有些向内。

10. 微控制器的主要性能包括以下几个方面:CPU 主频;CPU 字长;位处理能力;指令系统;存储容量;I/O 端口;基本功能模块;外围功能单元;此外,还有工作电压、功耗等。

## 第 2 章

8051 微控制器硬件结构

2.1 判断题

题目	1	2	3	4	5	6	7	8	9	10	11	12	13	14	15	16	17	18	19	20
答案	√	√	√	×	√	√	√	√	×	×	√	√	√	×	√	√	×	×	√	√

2.2 选择题

题目	1	2	3	4	5	6	7	8	9	10	11	12	13	14	15	16
答案	C	A	A	A	D	C	B	D	C	B	B	B	C	B	D	C

2.3 填空题

1. 运算器　控制器
2. 高　0000
3. 4　上拉电阻　将端口锁存器置1
4. 掉电方式　休闲方式
5. 20H~2FH　00H~7FH
6. 工作寄存器区　位寻址区　用户 RAM 区
7. 12　$\frac{1}{6}$　$\frac{1}{3}$　2
8. 4　00H~1FH　R0~R7　RS1、RS0　00H~07H
9. 8
10. 内部 RAM 区　先进后出　8　堆栈栈顶的地址
11. PC　SP　DPTR　0000H　07H　0000H

12. PSW　Cy、OV、AC、P

2.4　简答题

1. CPU 由运算器和控制器两大部分组成。运算器由算术逻辑部件 ALU、位处理器、累加器 A、暂存寄存器、程序状态寄存器 PSW 和 BCD 码运算调整电路等组成,是用来对数据进行算术运算和逻辑操作的执行部件。控制器由指令部件、时序部件和操作控制部件三部分组成,是用来统一指挥和管理微控制器工作的部件。其功能是从 ROM 中逐条读取指令,进行指令译码,并通过定时和控制电路,在规定的时刻发出执行指令操作所需的控制信号,使各模块按照一定的节拍协调工作,实现指令规定的功能。

2. 微控制器的工作过程就是执行程序的过程。用户编写的程序预先存放在 ROM 中,微控制器从 ROM 中逐条取出指令并执行。其工作过程包含三个步骤:①读取指令。根据程序计数器 PC 中的值,从 ROM 中读出当前要执行的指令,送到指令寄存器 IR。②分析指令。将指令寄存器 IR 中的操作码送入指令译码器进行译码,分析该指令要求进行什么操作、操作数在哪里等。③执行指令。取出操作数,然后按照操作码规定的功能,由操作控制电路发出一系列时序和控制信号,完成指令规定的操作。

3. 8051 MCU 内部 RAM 单元划分为三个部分:①工作寄存器区:00H~1FH,分成 4 个寄存器组,每组 8 个单元对应 R0~R7 寄存器。②位寻址区:20H~2FH 这 16 个单元,每个单元 8 位,因此有 128 位,位地址为 00H~7FH。位寻址区也可按字节使用和操作。③用户RAM 区:30H~FFH 区域,通常用作数据缓冲区和堆栈区。

4. PSW 是一个 8 位寄存器,用于记录程序运行结果的状态。常用的状态标志有 Cy(进位标志位)、AC(半进位标志位)、P(A 中"1"个数的奇偶标志位)、OV(溢出标志位)。

Cy:该标志对无符号数有意义,在进行加法、减法运算时,若高位发生进位或借位则被置为 1,否则清为 0;对于加法,若 Cy=1,表示结果超出了 8 位无符号数所能表示的最大值(FFH 即 255)。

OV:该标志对带符号数有意义,在进行加、减运算时,若结果溢出(即超出了累加器 A 所能表示的带符号数的范围-128 ~+127 时),OV 被置为 1,否则清为 0。

AC:当进行加法或减法运算时,若低 4 位数向高 4 位数进位(或借位),AC 被置为 1,否则清为 0。在十进制调整指令 DA 中,要用到 AC 标志位。

P:反映 A 中 1 的个数的奇偶性。若 A 中 1 的个数为奇数,则 P 被置为 1;否则清为 0。

5. 程序存储器使用程序计数器 PC 指针。PC 是一个 16 位寄存器,存放下一条要执行的指令的地址,即将要取指的 ROM 地址。

堆栈使用堆栈指针 SP。SP 是一个 8 位特殊功能寄存器,用于存放堆栈栈顶所指的内存单元地址。

外扩数据存储器使用数据指针 DPTR。DPTR 是一个 16 位特殊功能寄存器,主要功能是作为外部数据存储器或 I/O 寻址的地址寄存器。

6. P0～P3 作为通用 I/O 接口时,输入操作是读引脚状态,输出操作是对端口锁存器的写入操作。在输入时,必须先向端口锁存器写 1,保证内部的输出场效应管截止,才能正确读入外部引脚的高、低电平状态。

7. 8051 MCU 中规定了 4 种工作周期,即时钟周期(振荡周期)、状态周期、机器周期和指令周期。①时钟周期:也称为振荡周期,是外接晶振频率的倒数,是微控制器中最基本、最小的时间单位。②状态周期:1 个时钟周期定义为一个节拍,连续的两个节拍定义为一个状态周期 S。③机器周期:MCU 执行一个基本硬件操作所需要的时间。一个机器周期由 6 个状态周期(S1～S6)即 12 个时钟周期组成。④指令周期:执行一条指令所需要的时间,由若干个机器周期组成。8051 MCU 的 111 条指令,由 3 种指令周期的指令组成,分别为单周期指令、双周期指令和四周期指令。

当晶振频率为 12MHz 时,时钟周期为 $1/12\mu s$,状态周期为 $1/6\mu s$,机器周期为 $1\mu s$,指令周期有 $1\mu s$、$2\mu s$ 和 $4\mu s$。

8. 8051 微控制器的工作方式包括低功耗工作方式、程序执行方式和复位方式三种。其中,低功耗方式有两种,即休闲方式和掉电方式。

将 PCON 中的 IDL 位置为 1,MCU 即进入休闲方式,能大大降低 MCU 的功耗;可利用复位或中断退出休闲方式。将 PCON 中的 PD 位置为 1,MCU 即进入掉电方式,该模式的功耗降至几十微安;退出掉电方式的唯一方法是复位 MCU。

第3章

8051 指令系统与汇编程序设计

3.1 判断题

题目	1	2	3	4	5	6	7	8	9	10	11	12	13	14	15	16	17	18	19	20
答案	×	√	×	×	√	√	√	√	×	×	√	√	×	×	√	×	×	√	√	√

3.2 选择题

题目	1	2	3	4	5	6	7	8	9	10	11	12	13	14	15	16	17	18	19
答案	C	D	A	C	A	B	D	D	B	B	C	C	C	D	B	A	B	A	A
题目	20	21	22	23	24	25	26	27	28	29	30	31	32	33	34	35	36	37	38
答案	C	B	B	D	A	D	B	A	B	A	B	C	C	C	A	D	C	A	A
题目	39	40	41	42	43	44	45												
答案	C	B	C	C	A	A	A												

3.3 填空题

1. 操作码　操作数　操作码
2. 数据传送类指令　算术运算类指令　逻辑运算类指令
3. 控制转移　比较两个操作数,不相等转移
4. 控制转移　(操作数内容－1)不为 0 转移
5. 计数控制　条件控制
6. 7030H　60H

7. 0345H 26H 01H

8. 0C2H 0 1 1 1

9. 93H 37H 0 0

10. 顺序 循环 分支

11. 立即 直接 寄存器 寄存器间接 变址 相对 位

12. 内部存储器地址

13. 堆栈保护 切换工作寄存器组 暂存到内部存储器

14. 内部 RAM 低 128 字节和特殊功能寄存器区 内部 RAM 的 256 字节和外部 RAM

15. D:00H C:0000H X:0000H

3.4 简答题

1. 指令系统:微控制器能完成的所有操作指令的集合。

　　机器语言:用二进制或十六进制表示,能被计算机直接识别和执行的语言。

　　汇编语言:用助记符形式表示的面向机器的程序设计语言。

2. 8051 微控制器指令系统的寻址方式有:立即寻址、直接寻址、寄存器寻址、寄存器间接寻址、变址寻址、相对寻址、位寻址。总结如下:

寻址方式	使用的变量	寻址空间
立即寻址	#data,#data16	程序存储器
直接寻址	direct	内部 RAM 低 128 字节、特殊功能寄存器
寄存器寻址	R0~R7.A	R0~R7.A
寄存器间接寻址	@R0~R1,SP(PUSH,POP)	内部 RAM 的 256 字节
	@R0~R1,@DPTR	外部 RAM
变址寻址	基址寄存器 DPTR,PC;变量寄存器 A;@A+PC,@A+DPTR	程序存储器
相对寻址	PC+偏移量	程序存储器
位寻址	bit,Cy	位寻址空间

3. MOV 指令用于访问 MCU 内部的寄存器、RAM;MOVC 指令用于访问程序存储器,从程序存储器中读取数据(如表格、常数等);MOVX 指令用于访问外部 RAM,实现对外部的读写操作。

　　MOV 指令的寻址空间为内部 RAM 和 SFR 特殊功能寄存器区,可采用的寻址方式有直接寻址、间接寻址、寄存器寻址、立即寻址、位寻址。

　　MOVC 指令的寻址空间为 ROM 区的 64K 空间,寻址方式为变址寻址。

　　MOVX 指令的寻址空间为外部 RAM 区的 64K 空间,寻址方式为寄存器间接寻址。

4. 解决地址重叠的主要方法是采用不同的寻址方式。对于 80H～FFH 的通用 RAM,采用寄存器间接寻址方式;对于特殊功能寄存器,采用直接寻址方式。

5. 对于内部 RAM 低 128B(8051 MCU 的基本内存),可以采用直接寻址方式和寄存器间接寻址方式;对于内部 RAM 高 128B(8051 MCU 的扩展内存)和外部 RAM,只能采用寄存器间接寻址方式;对于 SFR,只能采用直接寻址方式。

6. 数据传送类指令不影响进位标志位 Cy、半进位标志位 AC 和溢出标志位 OV,但改变 A 内容的指令会影响奇偶标志位 P。

逻辑运算类指令中除了加 1、减 1 指令外,其余都会影响标志位。

逻辑操作类指令不影响标志位,仅当其目的操作数为 A 时,对奇偶标志位 P 有影响。

控制转移类指令中有些条件转移指令对 Cy 有影响,如比较转移指令。

位操作类指令中有些可能会对进位标志位 Cy 产生影响。

7. DA　A 为十进制调整指令,用于对压缩 BCD 码相加结果的十进制调整。调整原则:当累加器低 4 位大于 9 或半进位标志 AC=1 时,进行低 4 位加 6 修正;当累加器高 4 位大于 9 或进位标志 Cy=1 时,进行高 4 位加 6 修正。

使用时需注意以下几点:①必须用在加法指令后,对其他指令无效。②只能对累加器 A 的 BCD 加法结果进行十进制修正,对其他寄存器、非 BCD 码加法等无效。③相加的两个操作数必须均为 BCD 码,调整的结果才会正确。④DA　A 指令对 Cy 只能置位,不能清 0。

8. 通常,转移目的地址是已知并确定的,而要根据转移指令和转移的目的地址,计算转移的偏移量。方法如下:

转移偏移量 rel＝转移目的地址－(转移指令所在地址＋转移指令字节数)

例如,假设相对转移指令 SJMP 所在地址为 1004H,转移目的地址为 1080H,由于 SJMP 指令长度为 2 字节,则偏移量 rel＝1080H－(1004H＋2)＝7AH。

9. 伪指令的作用:伪指令又称汇编程序控制译码指令,在汇编时不产生目标代码,仅为汇编程序指明的在汇编源程序时,需要遵守和执行的一些约定,如指定程序或数据存放的起始地址,给一些符号赋值、预留一定存储单元以及指示汇编结束等。

常用的伪指令:①起始汇编伪指令 ORG,确定程序或数据块的起始地址;②赋值伪指令 EQU,给字符名或标号赋予数据或表达式;③定义字节伪指令 DB,定义一组字节型常数或字符串;④定义字伪指令 DW,定义一组字型常数(双字节)或字符串;⑤定义存储器空间伪指令 DS,在 ROM 中预留一存储空间;⑥位地址赋值伪指令 BIT,给标号或字符名赋予位地址;⑦结束汇编伪指令 END,表示汇编的结束。

10. 主程序和子程序可能会使用相同的寄存器或存储单元存放数据,为避免空间冲突、数据混乱,需要进行现场的保护和恢复。主要方法有切换寄存器组、使用堆栈和使用内存。

切换寄存器组:当需要保护较多工作寄存器(如 R0～R7)的内容时,可以通过修改 RS0、RS1,使主程序与子程序使用不同组别的 R0～R7,实现现场保护。

使用堆栈:在子程序开始处,将需要保护的内容依次入栈保存,在子程序返回前,按保护的反序出栈恢复。

使用内存:进入子程序时,将需要保护的内容暂存到内部 RAM 单元,在返回前进行恢复。

第 4 章

8051 的 C 语言与程序设计

4.1 判断题

题目	1	2	3	4	5	6	7	8	9	10	11	12	13	14	15	16	17	18	19	20
答案	√	√	×	×	√	√	×	√	√	×	√	√	√	√	×	√	√	√	√	√

4.2 选择题

题目	1	2	3	4	5	6	7	8	9	10	11	12	13	14	15	16	17	18	19	20
答案	C	B	B	C	A	C	D	A	C	C	D	A	D	D	A	B	B	D	C	C

4.3 填空题

1. 通用　存储器特殊
2. 顺序结构　分支结构　循环结构
3. 900
4. 3　small 模式　compact 模式　large 模式
5. extern
6. 0　0　1
7. bit　sbit　sfr　sfr16
8. 初始值　地址
9. char data val1　int idata val2　unsigned char xdata val3[4]　char xdata * px
10. unsigned char data a　unsigned char idata key_buf　bit bdata flag　int xdata x

4.4　简答题

1. C51 扩展的数据类型包括位型 bit、特殊功能寄存器中的可位寻址位 sbit、8 位特殊功能寄存器 sfr 和 16 位特殊功能寄存器 sfr16。

2. data、bdata、idata 表明数据的存储类型。①data 是指片内 RAM 的低 128 字节;②bdata 是指片内 RAM 的位寻址区;③idata 是指片内 RAM 的 256 字节,必须采用间接寻址。

3. bit 用于声明位于通用 RAM 区位寻址空间的位变量,sbit 声明的是位于 SFR 区位寻址空间的位变量;bit 后的"="表示 bit 变量的初始值,sbit 后的"="表示 sbit 变量的地址。

4. (1)unsigned char xdata temp[100];

　　　for (char i = 0;i<100;i ++)

　　　　temp[i] = i;

(2)unsigned char idata data_buf[16] = {0};

5. 有 if 语句和 switch-case 语句两种条件判断语句。if 语句用于根据条件选择的简单分支结构,switch-case 语句适用于多选一的多路分支结构。switch 内的条件表达式的结果必须为整数或字符,case 之后的条件值必须是数据常数,不能是变量,而且不能重复。

6. while 语句先测试条件表达式是否成立,当条件表达式为"真"时,执行循环内的动作,做完之后又继续跳回条件表达式做测试,如此反复。do-while 语句是先执行动作,再测试条件表达式是否成立。当条件表达式为"真"时,继续回到前面执行动作,如此反复,直到条件表达式为"假"为止。不论条件表达式的结果为何,do-while 语句至少会做一次动作。

7. 模块化程序设计就是多文件程序设计,将系统所要完成的工作任务分解成若干个功能模块,每个功能模块的程序代码单独设计成一个源文件,并将需要对外提供的接口函数和变量放在头文件里,供主函数和其他模块函数调用。模块化程序设计有利于小组成员分工合作,且可移植性好,便于项目维护。

## 第 5 章

中断系统

5.1 判断题

题目	1	2	3	4	5	6	7	8	9	10	11	12	13	14	15	16	17	18
答案	×	√	×	√	×	√	√	×	√	×	√	×	√	√	√	×	×	×

5.2 选择题

题目	1	2	3	4	5	6	7	8	9	10	11	12
答案	D	C	A	C	A	A	A	B	A	D	C	D

5.3 填空题

1. 低电平　下降沿

2. $\overline{INT0}$　$\overline{INT1}$　T0　T1　串行口　$\overline{INT0}$

3. 0003H　000BH　0013H　001BH　0023H

4. 查询方式　中断方式

5. 从查询到中断标志位,到转向中断入口地址执行中断服务程序所需的机器周期数

6. 硬件　软件　软件

7. 压入堆栈　切换工作寄存器组　保存到内存单元

8. 自动　软件

9. PT1＝1　EA＝1　ET1＝1

10. 一个机器周期

5.4　简答题

1. 中断系统应具有以下功能：①实现中断开放与禁止的控制；②实现中断响应及返回；③实现优先级排队；④实现中断嵌套。

2. 8051 微控制器有 5 个中断源，2 个中断优先级，中断优先级由特殊功能寄存器 IP 控制，在出现同级中断申请时，CPU 按如下顺序响应各个中断源的请求：$\overline{INT0}$、T0、$\overline{INT1}$、T1、串行口，各个中断源的入口地址分别是 0003H、000BH、0013H、001BH、0023H。

3. TF0、TF1 是定时器/计数器 T0、T1 的中断标志，溢出时由硬件置 1，请求中断；CPU 响应后，由硬件自动清 0；查询方式时，要用软件清 0。

   IE0、IE1 是外部中断 $\overline{INT0}$、$\overline{INT1}$ 的中断标志，发生中断时由硬件置 1，请求中断。外部中断有两种触发方式，即下降沿触发和低电平触发。对于下降沿触发方式，中断标志在响应中断时由硬件自动清 0；对于低电平触发方式，中断标志只有在外部引脚的状态变为高电平时，被自动清除。

   TI/RI 是串行口发送/接收的中断标志，发送完一帧数据或接收到一帧数据时，由硬件置 1，并请求中断。TI/RI 标志，必须用软件清 0。

4. 8051 MCU 响应中断的 3 个基本条件是：①中断源有请求，相应的中断标志（IE0/IE1，TF0/TF1、RI/TI）置 1；②CPU 允许所有中断（中断允许总控位 EA＝1）；③中断允许寄存器 IE 中，相应中断源的中断允许位置 1。满足以上 3 个条件，则 CPU 对所有的中断请求，进行优先级排队。如果再同时满足以下 3 个条件：①无同级或高级中断正在服务；②现行指令已执行完毕；③若正在运行的指令为 RETI，修改 IP、IE 的指令，则该指令的下一条指令也执行完毕，则微控制器便在下一个机器周期响应中断，否则将丢弃中断查询结果。

5. CPU 在响应中断时可能破坏原有的工作现场（如原程序涉及的寄存器、内存的内容等），所以需要将相关寄存器、内存、标志位的信息保存下来；在处理完相应的任务之后，恢复前面被保护起来的工作现场，以便正确恢复到原程序执行被中断的工作。

6. 响应中断与调用子程序的相同点：①都是中断当前正在执行的程序，转去执行子程序或中断服务程序；②都是由硬件自动把断点地址压入堆栈进行断点保护，而现场的保护则都通过软件完成；③执行完子程序或中断服务程序后，都要通过软件恢复现场，并通过执行返回指令，重新返回到断点处，继续调用程序的执行；④都可以实现嵌套，如中断嵌套和子程序嵌套，但中断最多只有两层嵌套，理论上子程序的嵌套无限制。

   响应中断与调用子程序的差异点：①中断请求是随机的，在程序执行的任何时刻都可能请求，而子程序的调用是由软件设计安排的；②响应中断后，转去执行存放在相应入口地址处的中断服务程序，而子程序的地址是由软件设计者安排的，可以是 ROM 的任意区域；③中断响应是受控的，其响应时间会受一些因素影响，而子程序的响应时间是固定的。

7. 中断函数不能有形参，返回类型必须声明为 void。若中断函数中要调用函数，则该函数必须使用和该中断函数相同的寄存器组。对于不使用的中断,应编写一个空的中断函数,当意外发生中断时,使之能自动返回主程序。此外,任何函数均不能直接调用中断函数。

8. 假设 4 个按键为外部中断源,将 4 条 I/O 口线连接的 4 个按键连接到四输入与门的输入端,其输出端连接至 $\overline{INT0}$。当其中一个或几个按键按下时,与门输出从高电平变为低电平,该下降沿触发 $\overline{INT0}$ 中断。在中断服务程序中,依次查询 4 条口线状态,确定是哪个按键操作引起的中断。这样,一个外部中断就扩展了 4 个外部中断源。

## 第 6 章

定时器/计数器

6.1 判断题

题目	1	2	3	4	5	6	7	8	9	10	11	12	13	14
答案	×	√	√	√	√	×	×	√	√	×	√	×	√	√

6.2 选择题

题目	1	2	3	4	5	6	7	8	9	10
答案	D	C	B	A	A	C	C	C	D	A

6.3 填空题

1. 脉冲　工作方式
2. 时钟频率　工作方式　计数器初值
3. 131.072　0.512
4. 250kHz
5. $\overline{INT0}$　TR0
6. 定时　计数　内部机器周期　外部脉冲
7. 1　EC78H
8. 20　4000　方法 1 在定时溢出时,需要软件重装载定时初值,存在一定的定时误差;方法 2 在定时溢出时,由硬件自动重装载定时初值,所以不存在定时误差
9. TMOD　TCON　TH0　TL0
10. 计数　定时　1

6.4 简答题

1. 8051 MCU 有两个结构功能完全相同的可编程 16 位定时器/计数器 T0、T1。它们的核心部件是 16 位的加 1 计数器 TH0、TL0 和 TH1、TL1,还有 2 个控制寄存器 TCON、TMOD。

2. 工作方式 1 为 16 位计数方式,其最大计数值为 65536。当计数器溢出时,为使 T_i 重新从设置初值开始计数,在中断服务程序或溢出后的处理程序中,需要给 TH_i、TL_i 重装载初值。由于中断响应需要一定时间并存在中断响应时间的随机性,因此定时时间有一定误差。

工作方式 2 为 8 位初值重装载方式,其最大计数值为 256。工作在该方式时,低 8 位加 1 计数器 TL_i 累计脉冲,高 8 位计数器 TH_i 存储初值。当 TL_i 计数溢出时,TH_i 中的初值自动重装载到 TL_i 中,而不需要软件写入,因此不存在定时误差。

3. 定时模式时,加 1 计数器的计数脉冲是系统内部的机器周期,因此定时时间与系统振荡频率、计数初值以及工作方式有关。

计数模式时,计数脉冲从外部引脚 T0 或 T1 引入;要求外部脉冲的高、低电平宽度至少为一个机器周期,即外部脉冲最大频率为 1/24 晶振频率。

4. 定时方式时,定时器/计数器累计的是系统的机器周期。当晶振频率为 6MHz 时,机器周期为 $2\mu s$,工作方式 1 和方式 2 的最大定时时间分别为 131.072ms、0.512ms;当晶振频率为 12MHz 时,机器周期为 $1\mu s$,工作方式 1 和方式 2 定时的最大时间分别为 65.536ms、0.256ms。

5. 可执行以下程序:

```
        ORG     0000H
LOOP：  SETB    P1.0            ;2μs
        CLR     P1.0            ;2μs
        SJMP    LOOP            ;4μs
        END
```

外部晶振频率为 6MHz,则机器周期为 $2\mu s$。由程序可得高电平时间为 $2\mu s$,低电平时间为 $6\mu s$,频率为 125kHz,占空比为 25%。

6. 对较长时间的定时,可以采用定时器硬件定时和软件计数器相结合的方式。

对于 1 分钟定时的实现方法如下:

将定时器的定时时间设为 50ms,采用工作方式 1,定时初值 X＝65536－50000＝15536 ＝3CB0H,设置一个软件计数器累计 50ms 的个数。采用中断方式,每次中断时(50ms 到),软件计数器加 1,当该计数器累积到 20 时,表示定时了 1s。在内部 RAM 中设置 2 个单元如 40H、41H,分别用来存放 50ms 的个数、秒数。在 50ms 中断服务程序中,50ms 个数加 1,累积到 20 时表示 1s 到,再把 50ms 个数清 0,秒数单元内容加 1,满 60 秒时,即 1min 时间到。

7. 初始化的步骤一般如下：①确定工作方式（即对 TMOD 赋值）；②预置定时或计数的初值（可直接将初值写入 TH0、TL0 或 TH1、TL1）；③根据需要开放定时器/计数器的中断（直接对 IE 位赋值），以及 CPU 中断开放；④启动定时器/计数器工作（将 TR0 或 TR1 置 1）。

8. 可将 8051 MCU 的 Ti 的工作模式设置为计数模式，选用工作方式 2，设置初值为 FFH，允许中断。外部中断源连接到 Ti 引脚，则在其引脚上发生负跳变时（产生一个下降沿），定时器/计数器加 1，就会产生溢出而向 CPU 请求中断。利用这个特性可以把 T0（P3.4）和 T1（P3.5）两个引脚扩展为外部中断请求引脚，中断的触发条件是下降沿触发，中断标志为 T0、T1 的溢出标志 TF0 和 TF1。其作用和功能与外部中断 $\overline{\text{INT0}}$、$\overline{\text{INT1}}$ 完全相同。这样就把经典 8051 MCU 的外部中断源扩展到了 4 个。

第7章

串行总线与通信技术

7.1 判断题

题目	1	2	3	4	5	6	7	8	9	10	11	12	13	14	15	16	17	18
答案	×	×	√	√	×	√	×	√	√	×	√	√	√	√	×	√	√	√
题目	19	20	21	22	23	24	25											
答案	√	√	√	√	√	√	√											

7.2 选择题

题目	1	2	3	4	5	6	7	8	9	10	11	12	13	14	15
答案	B	A	C	B	C	C	B	A	C	C	B	A	C	C	A

7.3 填空题

1. 57600

2. 同步通信(I/O口扩展)　异步通信

3. 起始　数据　校验　停止

4. 异步　4

5. C2H

6. 串行数据发送　串行数据接收

7. 负　＋3～＋15V　－15～－3V

8. 同步　异步

9. 半双工　差分

10. 设备地址　片选信号

7.4　简答题

1. 异步通信是以字符（数据帧）为单位进行传输的，帧与帧之间的时间间隔可任意，但每个数据帧中的各位要以固定间隔传送，即帧与帧之间是异步的，通过起始位控制通信双方正确收发；数据帧内的各位是同步的，通信双方通过设置相同的波特率和数据帧格式，控制数据收发的同步。

   数据帧由起始位、数据位（5～8 位，低位在前，高位在后）、奇偶校验位和停止位组成。

2. 通信协议应包括数据帧格式、波特率、校验方式和握手方式等。为使通信系统能够检测传送数据的正确性，会在数据通信过程中加入校验。微机系统中常用的校验方式有字节的奇偶校验、数据块的累加和校验、循环冗余校验等。

   奇偶校验：以字符为单位进行，在每个字符的数据帧中加入 1 位校验位，以保证被传送的数据帧中的"1"的个数是奇数（称奇校验）或偶数（称偶校验）。奇偶校验的检错能力有限，只能检查出奇数个错误。

   累加和校验：发送方对传送的 n 个字节数据进行累加运算，并把该"累加和"附在 n 个字节后面传送。接收方按同样方法对 n 个字节的接收数据进行累加运算，形成 n 个接收数据的"累加和"。接收方把对方发送的"累加和"与自己产生的"累加和"进行比较，若相等，表示整个数据块传送正确，否则表示数据块中有数据传送出错。累加和校验的检错能力有限，不能检出数字之间的顺序错误。

   循环冗余校验：将整个数据块看成是一个很长的二进制数（如将 n 字节的数据块看成 $8 \times n$ 位的二进制数），然后用一个特定的数去除它，其余数就是 CRC 校验码，附在数据块后面发送。接收方在接收到数据块和校验码后，对接收的数据块进行同样的运算，所得到的 CRC 校验码若与发送方的 CRC 校验码相等，表示数据传送正确，否则表示传送出错。该校验方式的检错能力高达 99.9999%。

3. UART 由发送数据缓冲器 SBUF、发送控制器、输出移位寄存器、接收数据缓冲器 SBUF、接收控制器、输入移位寄存器，以及串行口控制寄存器 SCON、电源控制寄存器 PCON 等组成。其中的特殊功能寄存器有 SCON 和 PCON。SCON 用于串行通信方式的选择、接收和发送的控制，存放接收和发送中断标志，以及发送和接收第 8 bit 信息。PCON 与串行口有关是最高位 SMOD，为波特率加倍选择位。

4. (1) 方式 0 为同步移位寄存器方式（I/O 接口扩展方式），接收/发送的一帧数据是 8 位，传输时低位在前。数据传输波特率是固定值 $f_{osc}/12$。

   (2) 方式 1 为 10 位异步通信方式，10 位数据为一帧，1 位起始位（为逻辑 0）、8 位数据位（发送次序为先低后高）、1 位停止位（为逻辑 1）。波特率可设置，波特率 $= 2^{SMOD}/32 \times$（T1 的溢出率）。

   (3) 方式 2 和方式 3 均为 11 位异步通信方式。11 位数据为一帧，1 位起始位（为逻辑 0）、8 位数据位（发送次序为先低后高）、1 位可程控位或校验位（也称第 8 位）、1 位停止位(为逻辑 1)。方式 2 的波特率为 $f_{osc}/32$ 或 $f_{osc}/64$,而方式 3 的波特率是可编程的,与方式 1 的波特率设置方法相同。

5. 对于串行口的工作方式 1 和方式 3,采用 T1 作为波特率发生器。根据系统晶振频率 f_{osc} 和波特率 P_{tx},确定 T1 的定时初值 X,如下式所示:

$$波特率\ P_{tx} = \frac{2^{SMOD}}{32} \times T1\ 的溢出率 = \frac{2^{SMOD}}{32} \times \frac{f_{osc}}{12 \times (2^8 - X)}$$

$$X = 256 - \frac{f_{osc} \times (SMOD + 1)}{384 \times P_{tx}}$$

6. TB8:方式 2、方式 3 中要发送的第 8 位数据。在多机通信时,TB8 用来表示发送的数据是地址帧还是数据帧,TB8=1 表示地址帧,TB8=0 表示数据帧。在通信过程中,TB8 也可以作为发送的奇偶校验位。

RB8:方式 2、方式 3 中接收的第 8 位数据。在多机通信时,RB8 用来表示接收的数据是地址帧还是数据帧,RB8=1 表示地址帧,RB8=0 表示数据帧。在通信过程中,RB8 也可以是接收到的奇偶校验位。

SM2:当串行口以方式 2 或方式 3 接收时,若 SM2=1,则只有当接收到的第 8 位数据 (RB8) 为 1 时,才将接收数据送入接收 SBUF,并使 RI 置 1,申请中断,否则数据将丢失;若 SM2=0,则无论第 8 位数据(RB8)是 1 还是 0,都能将数据装入接收 SBUF,并使 RI 置 1 申请中断。

7. PC 上的 RS-232C 标准接口采用负逻辑电平,逻辑"1"的电平为 $-15 \sim -3V$,逻辑"0"的电平为 $+3 \sim +15V$。而微控制器一般采用 TTL 电平,因此需要逻辑电平转换。

8. 可从传输距离、传输速率、抗干扰能力等方面描述 RS485 和 RS232 通信的特点,如下表所示。

特性	RS232	RS485
传输距离	传输距离短,最大距离 50 米左右	最大传输距离可达 3000 米
传输速率	传输速率较低,波特率为 20Kbps	最高传输速率为 10Mbps
抗干扰能力	存在共地噪声,不能抑制共模干扰	具有抑制共模干扰的能力
通信方式	点对点通信	可以组网构成分布式系统
信号类型	数字信号	差分信号

9. 在微控制器构建的多机系统中,进行多机通信时要利用 SCON 中的 SM2 位,并利用数据帧中的第 8 位(TB8、RB8)作为地址/数据标识位。

地址信息:起始位、地址(8 位)、TB8=1、停止位。

数据信息:起始位、数据(8 位)、TB8=0、停止位。

多机通信的过程:首先将主、从机均初始化为方式 2 或方式 3,且置 SM2=1,允许多机通信。当主机要与某一从机通信时,发出该从机的地址(此时 TB8=1)。各从机接收主机发送的地址,并与本机地址比较。对于地址比较相等的从机(表示被寻址),令 SM2=0,并向主机返回应答信息,建立联络;其余地址比较不符的从机,继续保持 SM2=1

不变,则其对主机随后发送的数据帧将不予理睬,直至发来新的地址帧。主机与寻址的从机联络后,就向该从机发送命令和数据,发送的命令或数据的 TB8 均为 0,因此只有被呼叫的从机能接收到(因为它的 SM2＝0),从而实现了主从机一对一的通信。主、从机一次通信结束后,该从机重置 SM2＝1,主机可再次寻址并开始新的一次通信。

10. 目前,微控制器系统中常用的串行扩展总线有 I²C 总线、SPI 总线和单总线(1-Wire)等。

目前具有串行总线/接口的外围电路种类(如 RAM/ROM、ADC/DAC、I/O 接口、LED/LCD 管理芯片等)日益增多,使得微控制器系统的串行扩展方便可行,节省了 MCU 的 I/O 引脚(并行扩展需要更多的 I/O 引脚),简化了硬件电路,减小了系统体积。

第8章

人机接口技术

8.1 判断题

题目	1	2	3	4	5	6	7	8	9	10	11	12	13	14	15	16	17	18
答案	√	×	√	√	√	√	×	√	√	√	√	×	√	√	×	√	×	√

8.2 选择题

题目	1	2	3	4	5	6	7	8	9	10
答案	B	A	A	B	C	B	B	C	B	D

8.3 填空题

1. 行扫描法　线路反转法
2. 查询方式　定时方式　中断方式
3. 延时去按键的前后沿抖动
4. 共阴极　共阳极
5. 中断
6. 多次　释放
7. 1　$m+n$
8. 4　1
9. 字符或汉字的编码　显示的图形数据
10. 3　红段码　绿段码　行扫描信号
11. 16×4　16×64
12. 00H～07H　10H～17H　08～0FH　18～1FH

8.4　简答题

1. 抖动,即按键在闭合时不是马上稳定地接通,断开时也不是立即断开,从而使按键输入接口的电压出现抖动。

消除按键抖动的方法有硬件法和软件法,微控制器系统中常用软件法。其基本思想是:在检测到有键按下时,执行 10ms 延时子程序去前沿抖动,再检测该键是否仍为闭合状态,若是则确认该键被按下,否则认为不是真正的按键操作而是干扰。当检测到按键松开时,同样执行 10ms 延时子程序以去除后沿抖动。

2. 所谓连击,就是一次按键操作产生多个响应的情况。

连击的消除,即要使 MCU 对一次按键操作只响应一次(执行一次按键程序)。可在键盘程序中加入等待按键释放的处理,即当某键被按下时,首先用软件延时去前沿抖动,确认按键被按下后,执行该按键的功能程序,然后查询该按键是否释放并等待其释放后,去后沿抖动再返回。

连击的利用,会给设计带来便利。如有些仪器上设计的"增 1(或减 1)"键,如按住该键不放,参数就会不断增 1(或减 1),可以替代数字键,有效减少仪器的按键数量。

3. 所谓重键(也称串键),是指一次按键操作造成两个或多个键同时闭合的现象。

消除方法:可采取 N 键锁定或 N 键轮回的方法。①N 键锁定:当扫描到有多个键被按下时,只把最后释放的键当作有效键,获得相应键值并执行其功能程序。②N 键轮回:当扫描到有多个键被按下时,对所有按下的按键依次做出响应。

4. 键盘的工作方式有三种:编程扫描方式、定时扫描方式和中断工作方式。

(1) 编程扫描方式:也称查询方式,它是利用 CPU 在完成其他工作的空余时间,调用键盘扫描程序,以响应按键的操作。该方式不能实时响应键盘的操作。

(2) 定时扫描方式:该方式需要一个定时器进行定时,CPU 响应定时中断对键盘进行一次扫描,并在有键按下时执行相应的按键处理程序。由于按键按下的持续时间一般大于 50ms,所以为了能够对每次按键操作都有响应,定时时间应 ≤50ms。这种工作方式不管按键是否按下,CPU 总是要进行定时扫描,因此常常处于空扫描状态而浪费 CPU 的时间资源。

(3) 中断工作方式:在有键按下时,向 CPU 请求外部中断,CPU 响应中断后对键盘进行扫描,并执行相应按键处理程序。该方式的优点是既不会空扫描,又能确保对用户的每一次按键操作都能迅速做出响应。中断工作方式需要相应的硬件电路来产生按键的外部中断请求信号。

5. 第一步粗扫描:判断是否有键按下。把所有行线(如 P1.7～P1.4)设置为低电平并输出(相当于将各行接地),然后检测各列线(如 P1.3～P1.0)的电平是否都为高电平。如果读入的 P1.3～P1.0 的值均为"1",说明没有键按下;如果读入的 P1.3～P1.0 的值不全为"1",则说明有键按下,延时 10ms 去前沿抖动。

第二步细扫描:识别哪个按键按下。逐行扫描:先使一条行线为低电平、其余行线为高电平并输出,然后读入各列线的状态。如果各列状态不全为"1",即某列线为低电平,则表示该行该列交叉点处的按键被按下,已扫描到按下的键,结束扫描;如果各列状态全为"1",表示该行没有按键按下,继续扫描下一行,直至全部行扫描完毕。

第三步键值确定:闭合键的键值=行首键号+列号。

6. 第一步:行作为输出,列作为输入。行输出全为"0",输入各列电平,如果列值全为"1",表示无键按下;如果列值不全为"1",表示有键按下,保存读入的列值。

第二步:行列线路反转,即列作为输出,行作为输入。列输出全为"0",输入各行电平,此时至少有一行为"0",记下行值。低电平的行和列交点上的按键即为被按下的键。

根据上述两步得到的列值和行值,构成一个按键的特征码,根据特征码通过查表法可以得到按下按键的键值。线路反转法要求采用双向(或准双向)I/O 接口。

7. LED 数码管有共阴极和共阳极两种结构。

共阴数码管中每个 LED 的阴极连接在一起作为公共端 COM,显示的必要条件是共阴极接地或具有较大灌电流的输入口线;各个 LED 的阳极为控制端,连接到输出端口;当某个 LED 的阳极控制信号输出高电平时,该 LED 点亮。

共阳数码管中每个 LED 的阳极连接在一起作为公共端 COM,显示的必要条件是共阳极接电源或具有较强高电平驱动能力(输出电流)的输出口线;各个 LED 的阴极为控制端,连接到输出端口;当某个 LED 的阴极控制信号输出低电平时,该 LED 点亮。

8. DDRAM 最多可以控制 64 个汉字或 128 个字符的显示,对于 12864 模块,仅使用 DDRAM 的前 32 个单元作为字符编码的显示缓冲区,对应屏幕上的 128×64 点阵(显示 4 行 8 列共 32 个汉字或 4 行 16 列共 64 个字符),映射关系如下表所示(每个汉字是 16×16 的点阵):

	第1列 ◄──── 汉字	(每个汉字16列点阵,双字节)						────► 第8列 汉字
第1行汉字 (16行点阵)	00H	01H	02H	03H	04H	05H	06H	07H
第2行汉字 (16行点阵)	10H	11H	12H	13H	14H	15H	16H	17H
第3行汉字 (16行点阵)	08H	09H	0AH	0BH	0CH	0DH	0EH	0FH
第4行汉字 (16行点阵)	18H	19H	1AH	1BH	1CH	1DH	1EH	1FH

## 第 9 章

模拟接口技术

9.1 判断题

题目	1	2	3	4	5	6	7	8	9	10
答案	√	√	×	√	√	×	√	×	√	√

9.2 选择题

题目	1	2	3	4	5	6	7	8	9	10
答案	A	C	C	A	A	A	C	A	C	A

9.3 填空题

1. 19.6mV   1.73V
2. 80H   1.88V
3. 模拟量   数字量   分辨率   转换时间   转换精度
4. 数字量   模拟量   分辨率   转换速率   转换精度
5. 直通   单缓冲   双缓冲
6. 双缓冲
7. 位数   4.88mV
8. 启动转换   等待转换结束
9. 信号调理电路   模数转换器件
10. 数模转换

9.4　简答题

1. A/D 转换器的作用是实现模拟量到数字量的转换,使得微控制器系统能够处理外界的模拟量信息。其主要性能指标包括分辨率、量化误差、转换时间、转换精度、量程等。

   分辨率:反映转换器所能分辨的被测量的最小值。量化误差为±1/2 分辨率。

   转换时间:从启动转换至取得稳定的二进制代码所需的时间。

   转换精度:实际转换结果相对于理论值的偏差。

   量程:输入模拟电压的变化范围。

   电压分辨率:$5V/2^{16}=0.076mV$;量化误差:$\pm0.076mV/2=\pm0.038mV$。

2. D/A 转换器的作用是实现数字量到模拟量的转换,使得微控制器系统输出的数字量能以模拟量的形式反馈到外界。其主要性能指标包括分辨率、转换时间、转换精度等。

   分辨率:当输入数字发生 1bit 变化时所对应的模拟量输出的变化量。

   转换时间:当输入的二进制代码从最小值突跳到最大值时,输出模拟量达到与其稳定值之差小于±1/2LSB 所需的时间。DAC 的转换时间比 ADC 的转换时间要小得多。

   转换精度:在整个转换范围内,实际输出电压与理想输出电压之间的偏差。

   电压分辨率:$5V/2^{14}=0.305mV$;量化误差:$0.305mV/2=0.152mV$。

3. 对于 ADC,分辨率是反映其对输入电压微小变化的响应能力,是输出数字量变化 1 所对应的输入电压,也称最小分辨电压。理论上规定量化误差为一个单位电压分辨率,即±1/2 LSB。

   对于 DAC,分辨率是指 DAC 输入数字量发生 1bit 变化引起的模拟量输出的变化,用 DAC 的二进制位数表示,其百分数分辨率及表示方式均与 ADC 相同。

   ADC 和 DAC 的转换精度是指器件实际输出与理论值的偏差,可用绝对精度或相对精度表示。ADC 的绝对精度用电压分辨率(LSB)的倍数表示;相对精度用绝对精度除以满量程值的百分数表示。DAC 的绝对精度用输入数字量全 1 时,实际输出与理论值的误差表示;相对精度则是在满刻度校准下,输入时任一数码模拟量输出与理论值之差。

4. 为得到电压输出,可通过外接运算放大器,将内部 R_{FB} 作为运放的反馈电阻,通过 I/V 转换得到电压输出;有反相输出、同相输出和双极性输出三种连接方式。

5. 转换过程:①输出通道选择信号 A、B、C 和锁存允许 ALE,ALE 的上升沿锁存通道选择信号。②发出启动转换信号 START(正脉冲),其上升沿清 0 内部寄存器,下降沿开始转换,此时转换结束信号 EOC 变为低电平,表示正在转换。③经过转换时间后,转换结果送入内部的三态输出锁存缓冲器,EOC 变为高电平,表示转换结束,可读取转换结果。④MCU 输出"输出允许信号 OE",选通 ADC 的三态输出锁存缓冲器,转换结果输出到外部输出引脚线。

6. 采用一个 A/D 转换通道作为键盘接口的原理图如下。当按下 0～F 不同的按键时,+5V电源经过不同电阻分压,在 AD0 端产生不同的电压值,经 A/D 转换得到不同的数字量。微控制器根据该数字量的大小就可以判断按下的按键,实现按键的识别。

5V　1k R_7

GND

AD0　20k R_{16}　50k R_{20}　100k R_{19}

5V

$U_{REF}(+)$　0　1　2　3　50k R_{17}

$U_{REF}(-)$　4　5　6　7　30k R_{15}

8　9　A　B　20k R_{21}

GND　C　D　E　F　10k R_{22}

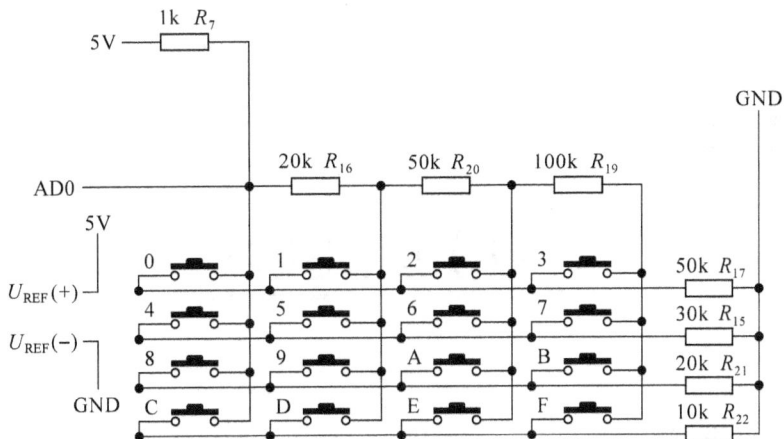

7. （1）如何提高频率：数字量从初值（如 0）开始输出，每次再步进 1（输出数字量＋1）不断输出，加上几条必需的判断指令，是设计所能达到的最高频率。若要再提高频率，则可增加每次输出的步进，如每次＋2 或更多后，再输出，但这时输出波形的毛刺会增大。

（2）如何降低频率：降低频率即增大周期。可根据具体要求，在每次输出一个数值后，加若干 NOP（_nop_ 函数）或加延时子程序（延时函数），来增大周期从而降低波形的频率。

8. DAC0832 可以将数字量转换为模拟量输出，改变数字量即可得到不同的模拟量，连续输出模拟量即得到波形。通常采用查表法产生任意波，将希望得到的波形按时间坐标分为若干点，将这些点对应的波形电压（模拟量）换算为数字量，并把这些数字量以数据表形式保存到 ROM 中。编写程序依次从该表格中取出数据，发送到 DAC0832 转换为模拟量输出，连续输出即得到所需的波形。

## 第 10 章

数字接口技术

10.1 判断题

题目	1	2	3	4	5	6	7	8	9	10	11	12	13	14	15	16	17	18
答案	√	×	×	√	×	×	√	√	√	×	√	×	√	√	√	√	√	√

10.2 选择题

题目	1	2	3	4	5	6	7	8	9	10
答案	A	D	B	B	A	A	D	A	D	B

10.3 填空题

1. 电—光—电　系统可靠性
2. 数字传感器　放大整形　光电耦合
3. 三极管驱动输出　继电器驱动输出　晶闸管驱动输出
4. 比例　积分　微分
5. 频率响应　输出电流　导通电流　隔离电压
6. 测频　测周
7. 500　0.2%
8. 65.536kHz　时间基准改为0.5s
9. 相数、转子的齿数　励磁方式　励磁信号的频率　施加各相励磁信号的次序
10. 控制H桥工作的PWM的占空比　H桥电路的哪对桥臂工作

10.4　简答题

1. 常用的电平转换方法有以下三种：①采用专用电平转换芯片，它可以较快传输数据。如 74LVX3245 可以实现 3V 至 5V 器件间的双向转换。②利用光耦实现电平转换和双向传输。它包括同相传递和反相传递两种，需要与三态门结合实现电平转换和隔离。③利用磁耦实现电平转换和双向传输。与光耦相比，磁耦将三态门和时序控制电路都集成在一个封装之中，一个芯片即可实现双向隔离通信。

2. 光耦是以光为媒介传输电信号的器件，通常把发光器（发光二极管）与受光器（光敏二极管）封装在同一管壳内。当有电流使输入端发光二极管发光时，输出端光敏二极管导通并输出电流，实现"电—光—电"转换。光耦的输入和输出通过光进行耦合，在电气上是完全隔离的，所以它对输入、输出电信号有良好的隔离作用。光耦的优点是能有效抑制尖峰脉冲及各种噪声干扰，从而大大提高传输通道的信噪比。

磁耦的核心是芯片级双向磁隔离变压器。磁耦芯片首先对输入的数字信号进行编码，并将其转换成周期为 1ns 的电磁脉冲信号，这些脉冲通过驱动器放大后驱动初级线圈并耦合到次级线圈，经次级端的检测电路解码后复原出输入数字信号。在加电情况下以及低速率波形输入或长时间恒定直流输入情况下，磁耦也能输出正确电平。

磁耦在集成度上较光耦具有较大优势，但磁耦价格比光耦要高。

3. 根据题意可得如下驱动电路。

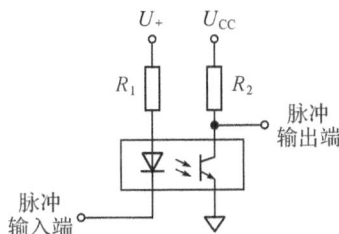

因为 $U_+ = 5V$，输入电流为 5~15mA，则
$$R_1 = (5V - 0.7V)/(5 \sim 15mA) = 4.3V/(5 \sim 15mA) = 287 \sim 860\Omega$$

因为 $U_{CC} = 3.3V$，输出电流为 1~10mA，则
$$R_2 = (3.3V - 0.2V)/(1 \sim 10mA) = 3.1V/(1 \sim 10mA) = 310 \sim 3100\Omega$$

4. 脉冲信号测量技术包含频率测量法和周期测量法两种。

(1) 频率测量法：在定时时间 T（计数闸门）内，对输入脉冲信号进行计数，即可得到其频率。具体测量过程：设置定时器 T0 工作于定时方式，作为频率测量时长 T（通常为 1s）的定时器；T1 工作于计数方式，计数脉冲为外部待测信号；在 T0 开始定时的同时，启动 T1 开始计数；当 T0 定时达到 1s 时，读取 T1 寄存器中的值，该值即为 1s 时间内记录的外部脉冲个数，也即待测信号的频率。

(2) 周期测量法：将被测脉冲连接于微控制器的外部中断输入端，通过中断检测相邻两个脉冲下降沿之间的时间间隔，获得脉冲信号的周期。在第一个下降沿中断时开启一个定时器开始定时，在第二个下降沿中断时关闭该定时器，则定时器的计数值

（定时时间）即为外部脉冲信号的周期，通过计算即可得到被测脉冲信号的频率。

5. 首先需要确定测频法和测周法的分界频率。由于测频法的最大误差为 $\pm \dfrac{1}{f_{测量}}$，频率越低则误差越大，为达到给定的测量精度，采用测频法的最低频率 $f_{\min}$ 必须满足：$\pm \dfrac{1}{f_{\min}} = \pm 0.2\%$，则 $f_{\min} = \pm \dfrac{1}{0.2\%} = 500(\text{Hz})$。

因此，对于频率 $\geqslant 500\,\text{Hz}$ 的信号，采用测频法（定时 1s），其最大测量误差是 $\pm 0.2\%$。对于频率 $\leqslant 500\,\text{Hz}$ 的脉冲信号，采用测周法，其误差为 $\pm \dfrac{T_{\text{sys}}}{T_{\text{实}}}$。最大误差为 500 Hz 时的测量误差为 $\pm \dfrac{1\mu s}{2000\mu s} = \pm 0.05\%$，满足题目的测量精度要求。

在具体的程序设计中，先用测频法进行一次频率测量，将测得结果与分界频率比较，若小于分界频率，则需要重新采用测周法测量频率。

6. 常用的功率驱动技术有三极管驱动输出、继电器驱动输出、晶闸管驱动输出等。

(1) 三极管驱动输出。当外设的驱动电流为十几毫安或几十毫安时，可采用功率三极管驱动电路。当外设的驱动电流为几百毫安时，如需要驱动中功率继电器、电磁开关等装置，通常采用达林顿复合管驱动电路，该复合管具有输入阻抗高、增益高、输出功率大及保护措施完善等特点。

(2) 继电器驱动输出。可用于驱动大型设备，输入端与输出端有一定的隔离功能。普通电磁式继电器由于采用电磁吸合方式，在开、关瞬间，触点容易产生火花，从而引起干扰；在交流高压等场合使用时，触点也容易氧化。而固态继电器具有无机械噪声、无抖动和回跳、开关速度快等特点，并且耐冲击、抗腐蚀、抗潮湿，适合在微控制器测控系统中作为开关量输出的控制元件。

(3) 晶闸管驱动输出。晶闸管具有效率高、控制特性好、寿命长、体积小、重量轻、耐高压等优点，被广泛应用于各种电子设备中，多用来作为可控整流、逆变、变频、调压、无触点开关等。在微机测控系统中，还可作为大功率驱动器件。

7. PWM 调速即通过改变直流电机电枢上电压的"占空比"来改变平均电压的大小，从而实现对直流电机转速的控制。设计 H 桥调速电路时，应在每个功率管的 c、e 端并接一个二极管（称为续流二极管），用于释放电机产生的感生电流，起到保护功率管的作用。

8. 步长 $= 360°/(4 \times 180) = 0.5°$。励磁信号序列如下：

STEP	A	B	C	D
1	1	0	0	0
2	0	1	0	0
3	0	0	1	0
4	0	0	0	1

STEP	A	B	C	D
1	1	1	0	0
2	0	1	1	0
3	0	0	1	1
4	1	0	0	1

(a) 单 4 拍励磁信号序列　　　　　(b) 双 4 拍励磁信号序列

第11章

微控制器系统的可靠性设计

11.1 判断题

题目	1	2	3	4	5	6	7	8	9	10	11	12
答案	√	√	√	√	×	×	√	√	√	√	√	×

11.2 选择题

题目	1	2	3	4	5	6	7	8
答案	D	C	C	D	B	A	A	A

11.3 填空题

1. 空间耦合　供电系统　输入输出通道
2. 使用隔离变压器　使用低通滤波器　配置去耦电容
3. 差模　共模
4. 光电耦合器　磁电耦合器
5. 静电耦合　电磁耦合　漏电流耦合　公共阻抗耦合
6. 数字地　模拟地　功率地
7. 单点　多点　大地
8. 电路板尺寸　分模块布局　电源线和地线设计
9. 选用低功耗器件　降低器件工作频率　降低工作电压　采用 MCU 低功耗模式
10. 屏蔽技术　隔离技术　长线传输技术
11. 软件陷阱　程序运行监视技术　数据冗余备份　数字滤波
12. 节省硬件成本　可靠稳定　功能强　方便灵活

13. 限幅滤波　中位值滤波　算术平均滤波　去极值平均滤波　递推平均滤波
14. 限幅滤波　中位值滤波　去极值平均滤波　算术平均滤波　递推平均滤波

11.4　简答题

1. 干扰的耦合方式包含静电耦合、电磁耦合、漏电流耦合和公共阻抗耦合。

(1) 抑制静电耦合的主要方法是通过合理布线、隔离等措施减少寄生电容，或通过静电屏蔽(对微弱信号电路采用金属屏蔽罩等)切断静电耦合。

(2) 抑制电磁耦合的主要方法是减少两个电路间的互感。

(3) 抑制漏电流耦合的主要方法是提高系统之间的绝缘电阻，减小测量电路的输入阻抗。

(4) 抑制公共阻抗耦合中的电源内阻抗耦合，可以采用减小电源内阻和线路公共电阻，增加电源去耦滤波电路，对大功率电路采用不同供电电源等方法；抑制公共阻抗耦合中的公共地线耦合可采用各电路分别接地的方法。

2. (1) 采用隔离变压器切断初、次级之间通过寄生电容耦合的静电干扰。

(2) 采用 EMI 滤波器滤除电网电源中的高频和中频干扰。

(3) 采用分散独立供电模块，避免一个模块电路的负载变化对其他电路造成影响。若一个电源向几个模块供电，应直接引出不同模块的供电线，并分别使用去耦电容。

(4) 对于集成芯片，在其电源和地引脚配置去耦电容，抑制冲击电流脉冲。

(5) 使用压敏电阻等吸波器件抑制尖峰电压。

3. (1) 选择低功耗 MCU 和外部器件，选用低电压工作器件，尽量降低器件的工作频率。

(2) 尽量使用 MCU 的睡眠和掉电等低功耗工作模式，并关闭 MCU 内部不用的资源。

(3) 外部 IC 的电源最好能由 MCU 的 I/O 端口控制，只在需要其工作时予以供电。

(4) 根据具体情况，正确使用上拉、下拉电阻，并注意电阻的选取。

(5) 可以使用 PWM 方式驱动 LED 器件，减少供电时间，并可省略限流电阻。

(6) 软硬件相结合降低功耗，如软件上减少外存的访问次数等。

4. (1) 屏蔽技术：通常利用低电阻导电材料或高导磁率的铁磁材料制成屏蔽体，并将屏蔽体接大地，可以消除屏蔽体与内部电路的寄生电容，达到阻断或抑制多种干扰的目的。

(2) 隔离技术：包括光电隔离、磁电隔离等，可以抑制尖峰脉冲、随机干扰和共模干扰等。

(3) 长线传输技术：在长线传输中采用双绞线抑制电磁干扰；用电流传输代替电压传输，避免信号在传输线上产生压降。

5. (1) 数字量输入通道中的软件抗干扰：采用重复多次检测求平均的方法，抑制随机干扰。对开关量信号，进行若干次采样，其结果应该完全一致，否则认为有干扰。例如以一定的时间间隔采样 3 次或 5 次，结果相等认为采集成功，否则认为采集不成功；或采取少数服从多数原则，取多数次的值为结果。

(2) 模拟量输入通道中的软件抗干扰：进行多次 A/D 转换，得到一组数据，对这一组数据再进行各种数字滤波处理，最后得到一个可信度较高的结果值。

(3) 数字量输出通道中的软件抗干扰：通常采用重复输出法提高数字输出接口的抗干

扰性能。微控制器输出一个数字信号(或一个数值)给 D/A 器件,由于外部干扰的作用,输出装置有可能得到一个被改变了的错误数据,从而使输出装置发生误动作,这时可以重复输出同一数据,重复周期尽量短,防止误动作的产生。

6. (1) 采用软件陷阱技术使"跑飞"的程序恢复正常。

(2) 使用程序运行监视("看门狗")技术,使进入死循环或死机的微机系统复位,而恢复正常工作。

(3) 通过数据的备份和检错纠错,保证系统参数的正确性。

(4) 采用低功耗工作方式提高系统可靠性。

(5) 通过各种数字滤波方法对采集的数据进行处理,消除或减弱随机干扰,提高测量可靠性和精度。

7. (1) 供电电源或地线干扰。采用市电供电来源时,供电电源的高频谐波、脉冲干扰等不可避免地会被引入系统而干扰到微机系统,因此要采用相应的隔离措施;相对来说,电池供电系统的可靠性要高很多。对于地线,数字电路、模拟电路和强电部分地线应当分开。

(2) 输入输出通道干扰。微机系统的前向通道(测量通道)、后向通道(控制通道),是系统与外部进行信息传输的通道,同时也是干扰引入的途径。抑制外部干扰进入微机系统的主要方法是隔离。

(3) 空间干扰。空间干扰源主要是指微机系统周围的电磁辐射等。

8. (1) 限幅滤波法。求出相邻两个采样值的偏差 Δy,并与允许的最大偏差 Δy_{max} 比较,若 $\Delta y < \Delta y_{max}$,则认为本次采样值有效;若 $\Delta y > \Delta y_{max}$,则剔除本次采样值。该方法可消除随机干扰。

(2) 中位值滤波法。对某一被测参数连续采样 n 次(一般 n 取奇数),然后把 n 次采样值按大小排序,取中间值为本次采样值。中位值滤波能有效地克服偶然因素引起的波动或采样器不稳定引起的误码等脉冲干扰。

(3) 算术平均滤波法。对信号的 n 个测量结果求算术平均,并将其作为本次测量结果。算术平均滤波法适用于去除白噪声干扰。

(4) 去极值平均滤波法。连续采样 n 次,先去掉最大值和最小值,然后求余下数据的平均值,作为本次测量结果。去极值平均滤波法能克服偶然因素引起的波动和脉冲干扰。

(5) 递推平均滤波法。先设置一个 n 个元素的数组,每次采样依顺序存放一个数据并删除最早的一个数据,然后计算 n 个数据的平均值作为本次测量结果。递推平均滤波法不会降低采样频率,对周期性干扰有良好的抑制作用,平滑度高,适用于高频振荡的系统,但测量结果有滞后。

(6) 递推加权平均滤波法。在递推平均滤波法的基础上,给不同时刻的数据加以不同的权,越接近现时刻的数据,权值越大,由此减小对时变信号的响应滞后。

(7) 基于模拟滤波器的方法。常用的是模拟 RC 低通滤波器对应的数字滤波法,其对周期性高频干扰具有较好的抑制作用。

第 12 章

微控制器应用系统设计

12.1 判断题

题目	1	2	3	4	5	6	7	8	9	10	11	12
答案	√	×	×	√	×	√	√	√	√	√	√	√

12.2 选择题

题目	1	2	3	4	5	6
答案	A	C	C	A	B	D

12.3 填空题

1. 静态　动态
2. 硬件设计　软件设计　仿真与调试
3. 软件需求分析　确定流程和功能模块　分模块编写程序
4. 逻辑故障(包括电源短路、极性元件连接是否正确等)
5. 各器件工作逻辑、输入输出的正确性等
6. 系统任务和功能需求　软件文档　硬件文档　测试文档

12.4 简答题

1. (1)总体设计。明确系统功能需求,根据需求综合软硬件因素确定设计方案。

   (2)硬件设计。确定硬件结构和核心器件,进行具体电路的设计与制作。

   (3)软件设计。根据硬件电路设计软件流程,划分软件功能模块,编写程序。

(4)仿真与调试。通过仿真调试确认电路设计正确无误后,进行电路印刷板图的设计与制作,然后对实际电路板进行硬件调试,以及软硬件联调和系统性能测试。

2. MCU 的选择要考虑以下两个方面的因素:一是在满足字长、速度、功耗、可靠性等主要指标条件下,优先选择内部功能模块多的 MCU,以减少外围器件的扩展;二是应考虑 MCU 是否有足够的软硬件支持,例如是否方便外围芯片的扩展,以及软硬件的开发调试环境等。

3. 进行硬件具体电路设计时需要考虑以下因素:
(1)系统的软、硬件设计需要通盘考虑和权衡利弊。可以通过软件实现的功能尽可能由软件来实现,以简化硬件电路、降低系统功耗,但这同时也会影响系统的响应速度。
(2)尽可能选用集成电路芯片、集成组件。
(3)尽可能选用单电源供电的组件,避免选用供电要求特殊的组件。
(4)设计微机系统的扩展与外围配置的容量和能力时,应充分考虑整个系统的功能需求,并留有适当的余地,以便二次开发。
(5)电路各模块互相连接时,要注意是否能直接连接。
(6)当模拟信号传送距离较远时,要以电流信号代替电压信号传输;当信号共模干扰较大时,应采用差动信号传送;当数字信号传送距离较远时,要考虑采用"线驱动器"。

4. 仿真调试是在电路板印刷前,通过软件仿真评估硬件电路的设计正确性,对硬件原理图进行软件调试,验证整个设计的功能,尽可能发现设计错误并及时更正,以提高设计效率,减少试验成本,缩短开发周期。常用的仿真软件是 Proteus。

5. 硬件电路的调试通常包括静态调试和动态调试,先进行静态调试,后进行动态调试。
(1)静态调试:首先排除逻辑故障,如检查极性元件的连接、防止电源短路等,然后上电检查,观察是否有冒烟、气味异常、元器件发烫等现象。
(2)动态调试:利用人机界面,访问和控制硬件系统各部分电路,以找出其中存在的问题。如给模拟电路加上输入信号,观察电路输出信号是否符合要求;调整电路交流通路元件,使相关点交流信号的波形、幅度、频率等参数达到设计要求等。

6. 软件调试首先进行各功能模块程序的查错,通过人为修改输入参数和初始条件使程序各分支均可被调试到;然后将各模块联合起来进行综合调试。软件调试有很多种,如单步、设置断点、连续运行、加入中间结果的输出控制、检查寄存器内容、I/O 口状态等。

7. 完整的设计文档应包括以下内容:
(1)系统任务和功能需求、设计技术方案和论证、软件功能需求等。
(2)软件文档:包含总流程图(或功能模块图)、各功能模块程序的功能说明(包括函数说明、出入口参数、参量定义清单等)、程序清单和注释。
(3)硬件文档:包含硬件各功能模块电路的设计说明、主要器件的选择依据,以及电路原理图、元器件布置图、接插件引脚图、线路板图、注意事项、主要芯片的 data sheet。
(4)测试文档:包含功能测试方法说明、测试结果和测试报告。

第四篇　读程题/编程题/设计题参考答案

第1部分

读程题

1.1 汇编读程题

1. (1) (A)=0D4H;Cy=0;OV=0;AC=0;P=0。
   (2) (A)=0DFH;Cy=0;OV=0;AC=0;P=1。
   (3) (A)=0CDH;Cy=0;OV=1;AC=0;P=1。
   (4) (A)=0D5H;Cy=0;OV=1;AC=1;P=1。
   (5) (A)=59H;Cy=1;OV=0;AC=1;P=0。
   (6) (A)=0CFH;Cy=1;OV=1;AC=1;P=0。

2. (1)程序执行后(40H)=78H。
   (2)求内部 RAM 40H 内容的补码,正数的补码不变,负数的补码是对该数求反加 1,并将补码存回 40H 单元。

3. (A)=0A5H;(R0)=58H;(50H)=6AH;(60H)=0A5H;工作寄存器 R0 的物理地址为 00H。

4. ①重新设置堆栈区域,堆栈指针 SP 指向 5FH;②设置循环次数(R7)=8;③设置 R0 的初值为 3FH;④将堆栈顶部(即 SP 指向的单元)内容送到累加器 A 中;⑤将 A 中内容传送到 R0 指向的单元中;⑥(R0)减 1,修改地址指针;⑦(R7)减 1,循环判断,不为 0 循环,为 0 结束。

   程序功能:将 5FH~58H 中的内容传送到 3FH~38H 中。程序执行后 SP 指针指向 58H。

5. ①重新设置堆栈区域,堆栈指针 SP 指向 2FH;②DPTR 指针指向 2000H;③R7 赋值 50H;④从外部 RAM 读取一个数据到 A;⑤将 A 中内容压入堆栈(保存到 SP 指向的内存单元中);⑥(R7)减 1,并判断是否循环,不为 0 则循环,为 0 则结束。

   程序功能:将外部 RAM 2000H 开始的 50H 个数据传送到内部 RAM 30H 开始的 50H 个单元中。程序执行后 SP 指针指向 7FH。

6. (1) A=9AH;B=81H;Cy=0;P=0。
   (2) A=00H;B=81H;Cy=1;P=0。
   (3) A=0FFH;B=81H;Cy=1;P=0。

7. (A)＝80H;(SP)＝42H;(41H)＝50H;(42H)＝80H。

8. (A)＝06H;(R0)＝00H;(C)＝0。

9. (A)＝00H,(C)＝1;如果去掉 DA A 指令,则(A)＝9AH,(C)＝0。

分析:对内部 RAM 20H 单元中的压缩 BCD 码做十进制数加 1 运算。如果把 DA A 指令去掉,则进行的是十六进制数加 1 运算。

10. (20H)＝20H;(21H)＝00H;(22H)＝17H;(23H)＝01H;(C)＝1;(A)＝17H;(R0)＝23H;(R1)＝28H。

分析:将保存在内部 RAM 中 20H、21H、22H 的三字节数与保存在 25H、26H、27H 的三字节数相加,结果保存在 20H、21H 和 22H 中,进位位(累加和的最高位)保存在 23H 单元中。

11. (A)＝03H。

分析:散转指令的运用,根据 A 中的值转移到相应的处理程序段。

12. (R2)＝92H;(R3)＝99H。

13. ①DPTR 指向自变量 X 存放的外部 RAM 地址;②取出 X 的值放入 A;③如果 X 的值为 0,转至标号 SUL 处执行;④如果 X 的最高位为 1(即是负数),转至标号 NEG 处执行;⑤如果 X 为正数,则给因变量 Y 赋值 02H;⑥DPTR 指向因变量 Y 存放的外部 RAM 地址;⑦将 A 的内容存入 Y 的单元;⑧如果 X 的值为负数,则给 Y 赋值－2。

函数关系式为:

$$Y = \begin{cases} 2, & X > 0 \\ 0, & X = 0 \\ -2, & X < 0 \end{cases}$$

14. (R0)＝7FH;(7EH)＝00H;(7FH)＝41H。

15. (30H)＝5BH。

16. ①@R0;②R7;③JNB;④≠80H;⑤RET。

17. 将 R0 中的数据(data)×10,结果保存在 R0 中(假设结果不超过 255)。

18. (X)＝19H(25);(Y)＝0;(Z)＝1EH(30)。

19. (A)＝ 00H,(DPTR)＝ 0110H;一个递归程序的案例。

20. ①81H;②40H;③30H;④05H;⑤00H;⑥20H;⑦10H;⑧20H;⑨0F0H;⑩0FEH;⑪01H;⑫0DH;⑬82H;⑭83H。

(SP)＝42H;(DPH)＝01H;(DPL)＝0DH;(A)＝30H;(B)＝30H。

分析:由于子程序的 PUSH 与 POP 指令没有成对使用,因此,使得执行 RET 时从堆栈顶部弹出,赋给 PC 的是两条 PUSH 指令压入的数据 010DH,导致程序返回到 010DH 执行,而不是 LCALL 的下一条指令 0108H 处。

21. (1)

单元地址	60H	61H	62H	63H	64H	65H	66H	67H
单元内容	01	23	45	67	89	AB	CD	EF

(2)子程序 TRAN 的功能:将 ASCII 码转换为十六进制数,即 ASCII 码 30H～39H 转换为对应的十六进制数 0～9,ASCII 码 41H～46H 转换为对应的十六进制数 A～F。

入口参数:保存在 A 中的十六进制数的 ASCII 码。

出口参数:转换后的十六进制数,保存在 A 中。

22. ①B(0F0H);②20H;③CLR;④PSW;⑤B(0F0H);⑥ACC;⑦ RET。

23. $250+256=506$(次)。

24. $1+(1+2N+2)M+2=3+(3+2N)M(\mu s)$。

25. 执行时间:$2+1+(1+1+2)N+2+2=7+4N(\mu s)$。

若要延时 $T=0.5ms=500\mu s$,即要求 $7+4N=500$,则 $N=493/4=123.25$;取 $N=123$ 代入,$T=499\mu s$,误差 $1\mu s$。可在 RET 前加一个 NOP,达到 $500\mu s$。

26. (1)2060H;16。

(2)2070H。

(3)恢复堆栈指针的内容。

27. P1.0~P1.3 引脚上的波形如图 4-1 所示。

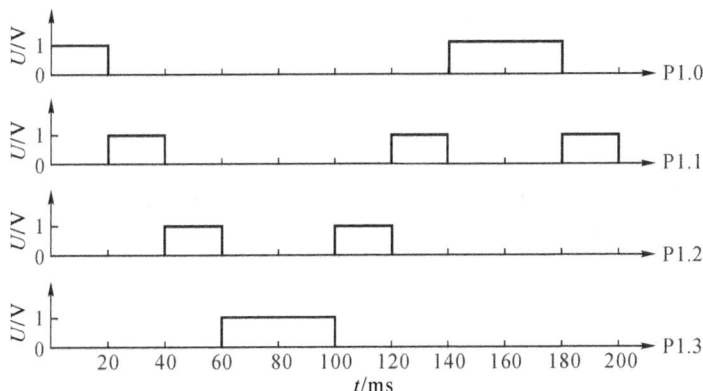

图 4-1　P1.0~P1.3 引脚上的波形

28. (1)定时器 T0 工作在方式 1。

(2)定时器 T0 的定时时间为 50ms。

(3)程序产生的是方波。

(4)波形从 P1.0 引脚输出。

(5)输出波形的频率是 10Hz,周期是 100ms。

29. ①重装载 T0 的初值;②1s 时间未到,继续循环;③1s 时间到,重设 R0 初值(准备下一秒计时);④改变 LED 灯状态;⑤60 次未到,继续循环;⑥60 次已到,关闭 T0。

程序实现的功能:用定时器 T0 进行 50ms 定时,T0 工作在方式 1,中断方式,通过 20 次中断实现 1s 定时;每间隔 1s 控制 P1.0(LED)翻转,即以 1s 的时间间隔,控制 LED 亮、灭交替,共 60 次(s)。

看到的现象:LED 以 1s 间隔亮灭,持续时间为 1min。

30. (1) DAC0832 的输出波形如图 4-2 所示。从起始点数字量 40H(模拟量为 1.25V)开始,以数字量+1 的步进上升,达到最高点 FFH(模拟量为 5V),然后以数字量−1 的步进下降,一直到 20H(模拟量为 0.625V),每个输出电压的延时时间为

0.1ms,如此循环,不断输出。

(2) 输出三角波,波形如图 4-2 所示。波形电压从 1.25V 开始,以 0.1ms 的间隔不断
增加输出电压,电压增量为 19.6mV,直到输出电压达到 5V 后,再以 0.1ms 的时
间间隔、19.6mV 的减小量不断减小输出电压,直至输出电压降至 0.625V,如此
不断循环输出。

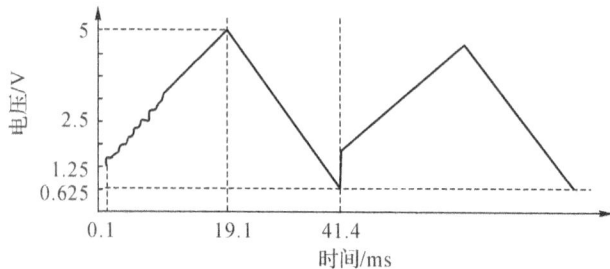

图 4-2 DAC0832 的输出波形

1.2 C51 读程题

1. (1)指针 pt1 指向内部 RAM 0x30 单元;指针 pt2 指向外部 RAM 0x0100 单元。
   (2)程序功能:将外部 RAM 0x0100~0x0109 地址中的内容复制到内部 RAM 0x30~
   0x39 单元中。

2. 实现了 7 个单字节带符号数从大到小的排序。

3. P2.0 引脚输出周期为 200ms 的方波信号,占空比为 50%;P2.1 引脚输出周期为 800ms
   的方波信号,占空比为 50%。

4. 定时器 T1 定时 10ms,P1.1 输出占空比为 2∶1,周期为 30ms 的矩形波。

5. (1)Tab[]数组的存储空间是 code,即在程序存储器中。
   (2)位控信号是低电平使能,所以采用的数码管是共阴结构。
   (3)程序实现了在最低位数码管上循环显示数字 0~9。

6. (1)两个中断函数分别为外部中断 0 和 1 的中断函数;按下 $\overline{\text{INT0}}$ 引脚连接的 K1 时,响
   应中断,变量 $a+1$;按下 $\overline{\text{INT1}}$ 引脚连接的 K2 时,响应中断,变量 $b+1$。
   (2)在 6 个数码管上动态显示变量 a、b 的值,每个变量显示 3 位数;按下 K3,变量 a 清
   0;按下 K4,变量 b 清 0。(变量 a、b 的值可操作按键 K1、K2 改变)

7. 测量 P3.2 所连接的外部脉冲的低电平宽度(即系统的机器周期数),保存在 b、a 变量
   中。(设该宽度≤65536 个机器周期)

8. 运用 ADC0809 轮流采集 8 个通道的模拟信号,并选取其中最大值从 DAC0832 输出。

9. ①RI==0;②RI=0;③0x20;④REN=1。

10. ①TI==0;②TI=0;③RI==0;④RI=0;⑤chksum+=buf[i];⑥SBUF=chksum。

第 2 部分

编程题

1. 分析:用 R2 寄存器作为循环计数控制变量,DPTR 作为外部 RAM 的地址指针,通过循环赋值方式实现。

【参考程序】

```
        START   EQU     0000H
        ORG     0100H
MAIN:   MOV     DPTR,#START     ;起始地址
        MOV     R2,#0           ;设置计数初值
        CLR     A
Loop:   MOVX    @DPTR,A
        INC     A               ;赋值内容＋1
        INC     DPTR            ;地址指针＋1
        DJNZ    R2,Loop         ;计数值减 1
        NOP
        SJMP    $
        END
```

2. 分析:R1 作为内部 RAM 的地址指针,R2 作为循环计数控制变量;逐个取出数据,用 JZ/DJNZ 指令进行判断和选择,并做相应处理,也可用 CJNE 指令进行比较判断并处理。

【参考程序 1】

```
        MOV     R2,#10H
        MOV     R1,#30H
LOOP:   MOV     A,@R1
        JZ      NEXT1
        DEC     @R1
NEXT1:  INC     R1
        DJNZ    R2,LOOP
        SJMP    $
        END
```

【参考程序 2】

```
            MOV     R2,#10H
            MOV     R1,#30H
LOOP：CJNE    @R1,#00H,NEXT
            SJMP    NEXT1
NEXT：DEC     @R1
NEXT1：INC     R1
            DJNZ    R2,LOOP
            SJMP    $
            END
```

3. 分析：逐一取出数据，判断正负数，再分别存入相应区域。DPTR 为源数据地址指针，R0 作为正数地址指针，R1 作为负数地址指针，R7 为循环次数。

【参考程序】

```
            len     EQU     30H         ;定义关键字
            ORG     0100H
            MOV     DPTR,#1200H         ;源数据地址指针
            MOV     R0,#40H             ;正数地址指针
            MOV     R1,#50H             ;负数地址指针
            MOV     R7,#len
LOOP：     MOVX    A,@DPTR
            JZ      NEXT
            JB      ACC7,NEG
POS：      MOV     @R0,A               ;保存一个正数到相应区域
            INC     R0
            SJMP    NEXT
NEG：      MOV     @R1,A               ;保存一个负数到相应区域
            INC     R1
NEXT：     INC     DPTR
            DJNZ    R7,LOOP
            SJMP    $
```

4. 分析：R0 作为数据块的地址指针，R2 作为循环计数控制变量（初值为数据块长度）。逐一取出数据，与关键字做减法，结果为零时表示找到，此时地址指针 R0 的值即为关键字存放地址。

【参考程序】

```
            ORG     0000H
MAIN：     MOV     R0,#30H
            MOV     R2,#80
```

```
NEXT:     MOV     A,@R0
          CLR     C
          SUBB    A,R3
          JZ      FIND
          INC     R0
          DJNZ    R2,NEXT
          MOV     A,♯0FFH
          SJMP    OVER
FIND:     MOV     A,R0
OVER:     SJMP    OVER
```

5. 分析：由于是无序表格，所以只能从头开始逐个元素比较。可用近程查表指令或远程查表指令进行编写。

对于远程查表指令，表格可以放置在 ROM 的任意区域；对于近程查表指令，表格要放在本程序后面，全部表格数据距离近程查表指令的距离（字节数），应在 255 字节内。

【参考程序（用远程查表指令）】

```
          ZHANG    EQU     30H          ;定义关键字
          len      EQU     31H
          ORG      2000H
FZHANG:   MOV     B,ZHANG              ;关键字送 B
          MOV     R7,len              ;查找次数
          MOV     DPTR,♯TABL          ;指向表头
LOOP:     CLR     A
          MOVC    A,@A+DPTR           ;查表,得到一数据
          CJNE    A,B,NOF             ;未找到,转 NOF
          MOV     R3,DPH
          MOV     R2,DPL              ;找到了,记录地址
          SJMP    DONE
NOF:      INC     DPTR                ;指向表格下一地址
          DJNZ    R7,LOOP             ;未完继续
          MOV     R3,♯0
          MOV     R2,♯0               ;未找到,R3、R2 清零
DONE:     RET
TABL:     DB      ××,××,……
          DB      ××,××,……
          END
```

【参考程序（用近程查表指令）】

```
          ZHANG    EQU     30H          ;定义关键字
```

```
        len     EQU     31H
        ORG     2000H
FZHANG： MOV     B,ZHANG              ;关键字送 B
        MOV     R7,len              ;查找次数
        MOV     DPTR,＃TABL          ;指向表头
        MOV     A,＃16H              ;变址修正量,是程序中查表指令的下条指令,
                                    ;距离表头的字节数
LOOP：   PUSH    ACC                 ;暂存 A
        MOVC    A,@A+PC             ;查表
        CJNE    A,B,NOF             ;未找到,转 NOF
        MOV     R3,DPH
        MOV     R2,DPL              ;找到了,记录地址
        POP     ACC
DONE：   RET
NOF：    POP     ACC                 ;恢复 A
        INC     A                   ;求下一地址
        INC     DPTR                ;表地址加 1
        DJNZ    R7,LOOP             ;未完继续
        MOV     R3,＃0
        MOV     R2,＃0              ;未找到,R3、R2 清零
        SJMP    DONE
TABL：   DB      ××,××,……
        DB      ××,××,……
        END
```

6. 分析:DPTR 作为外部 RAM 字符串的地址指针,R1 存放字符串中字符 B 的个数。逐一取出字符串中的字符,比较判断是否为字符 B,若是表示找到一个,(R1)＋1;若不是,则与 0DH 比较,看其是否是最后一个字符;若也不是,则继续查看下一个字符,直至查找结束。

【参考程序】

```
        ORG     0000H
        MOV     DPTR,＃1000H
        MOV     R1,＃00H             ;B 的个数初始化
LOOP：   MOVX    A,@DPTR
        INC     DPTR
        CJNE    A,＃42H,NEXT         ;不为 B 则跳转
LOOP1：  INC     R1                  ;为 B 则使计数器加 1
        SJMP    LOOP
NEXT：   CJNE    A,＃0DH,LOOP         ;判断是否结束(回车键)
```

```
            SJMP     $                    ;查找结束
            END
```

7. 分析:逐一取出字符与 24H 做比较,若不相等,则字符串长度(R2)+1,继续读取下一字符;若相等,表示该字符串已统计完毕,R2 的内容即为字符串的长度,存放到 LON 单元中。

【参考程序】

```
            STR      EQU     30H
            LON      EQU     31H
            ORG      0100H                ;定义关键字
START:      MOV      R2,#0                ;计数单元清零
            MOV      R0,#STR
LOOP:       MOV      A,@R0
            CJNE     A,#24H,NEXT          ;判断字符串是否结束
            SJMP     COMP
NEXT:       INC      R2
            INC      R0
            SJMP     LOOP
COMP:       MOV      LON,R2               ;将长度存入 LON 单元
            SJMP     $
            END
```

8. 分析:单字节带符号数的数值范围为-128~+127,其中-128~-1 的补码是 FFH~80H(数值越小表示的负数也越小),0~+127 的补码是 00H~7FH(数值越大表示的正数越大)。先在最大值 30H 单元存入正数的最小值 00H,在最小值 31H 单元存入负数的最大值 FFH。逐一从外部 RAM 取数,首先判断其正负:若不为负数,则与 30H 的内容比较,>30H 则要替换,存入大的数,反之不变;若为负数,则与 31H 的内容比较,<31H 则要替换,存入小的数(数值越小表示负数越小),反之不变。

【参考程序】

```
            N        EQU     20H
            ORG      0100H
            MOV      R2,#N                ;数据个数
            MOV      30H,#00H
            MOV      31H,#0FFH
            MOV      DPTR,#1000H
L1:         MOVX     A,@DPTR              ;取一个数
            JB       ACC.7,NEG1           ;负数,转移
            CJNE     A,30H,NEXT1          ;非负,与 30H 内容比大小
NEXT1:      JC       AGAIN                ;A<30H,不要更换 30H 的内容
```

```
        MOV     30H,A          ;A>30H,要保存新数据到30H
        SJMP    AGAIN
NEG1：  CJNE    A,31H,NEXT2    ;负数,与31H内容比大小
NEXT2： JNC     AGAIN          ;A>31H,不要更换31H的内容
        MOV     31H,A          ;A<31H,要保存新数据到31H
AGAIN： INC     DPTR
        DJNZ    R2,L1
        SJMP    $
        END
```

9. 分析:因为 1~20 的平方超过了一个字节的最大数(255),所以需要 2 字节保存其平方值;设置 1~20 数值的平方表格(每个数的平方为 2 字节,所以用 DW 伪指令进行定义),表头为 TAB。

【参考程序】

```
        ORG     0000H
        MOV     DPTR,♯TAB
        RL      A              ;A乘以2
        MOV     B,A            ;保护A
        MOVC    A,@A+DPTR      ;查表得到平方值的高8位
        MOV     R6,A
        MOV     A,B            ;恢复A
        INC     A              ;指向表格的下一个数据
        MOVC    A,@A+DPTR      ;查表得到平方值的低8位
        MOV     R7,A
        SJMP    $
        ORG     1000H
TAB：   DW      0,1,4,9,16,25,36,49,64,81,100
        DW      121,144,169,196,225,256,289,324,400
        END
```

10. 分析:BCD 码相加,要注意相加后进行十进制调整。多字节 BCD 码相加需要注意最高字节相加后的进位问题,若有进位,则累加和多 1 个字节,该字节的内容为 1。

【参考程序】

```
        ORG     0000H
        MOV     R0,♯30H        ;设置地址指针
        MOV     R1,♯40H
        MOV     DPTR,♯1000H
        MOV     R2,♯n          ;设置字节数
        CLR     C
```

L1：	MOVX	A,@DPTR	
	ADDC	A,@R0	;带进位的加法
	DA	A	;十进制调整
	MOV	@R1,A	
	INC	R0	
	INC	R1	
	INC	DPTR	
	DJNZ	R2,L1	
L2：	JNC	L3	
	MOV	@R1,#1	;最高字节相加有进位,则和多 1 个字节,其内容为 1
L3：	NOP		
	SJMP	$	
	END		

11. 分析:要注意 8051 MCU 中的减法指令 SUBB 是带 C 的减,最低字节相减时,要先将 C 清 0。多字节循环相减后,若最高字节发生借位,则将 F0 置 1。

【参考程序】

	ORG	0000H	
	MOV	R0,#30H	;设置地址指针
	MOV	R1,#40H	
	MOV	DPTR,#1000H	
	MOV	R2,#n	;设置字节数
	CLR	C	;C 清 0
L1：	MOVX	A,@DPTR	;被减数
	SUBB	A,@R0	;做减法运算
	MOV	@R1,A	
	INC	R0	
	INC	R1	
	INC	DPTR	
	DJNZ	R2,L1	
	JNC	OVER1	;循环结束,判断此时的 C
	SETB	F0	;最高位有借位,令 F0 = 1
OVER1：	SJMP	$	
	END		

12. 分析:首先取出 x 与 10 相乘(用乘法指令),结果为双字节在 BA 中;取出 y 与乘积的 低字节相加,注意若有进位,则乘积的高字节 B 要 +1。

【参考程序】

| | MOV | R0,#50H | |

	MOV	A,@R0	;取 x
	MOV	B,♯0AH	
	MUL	AB	;x×10
	INC	R0	
	ADD	A,@R0	;乘积低8位+y
	INC	R0	
	MOV	@R0,A	;保存低8位到52H
	JNC	NOC	;无进位
	INC	B	;有进位,则高8位+1(加上进位位)
NOC:	INC	R0	
	MOV	@R0,B	;保存高8位到53H
	SJMP	$	
	END		

13. 分析:在求和前,先判断这个数据是正数还是负数,然后分别进行相加。多字节数相加后的和,将超过1字节(本题由于数据总长度≤256,所以正数、负数的和最多为2字节)。对于正数,可直接相加,每次相加结果的进位位加到高字节中。对于负数,则要先将该单字节负数拓展为双字节的负数,再进行相加;拓展的高字节为0FFH。

【参考程序】

	ORG	0000H	
	CLR	A	
	MOV	2CH,A	;累加和单元清0
	MOV	2DH,A	
	MOV	2EH,A	
	MOV	2FH,A	
	MOV	R0,♯30H	
LOOP:	MOV	A,@R0	
	JB	ACC.7,NEG	;负数,转移
POS:	CLR	C	
	ADD	A,2DH	;正数
	MOV	2DH,A	;正数累加和的低字节存入2DH
	JNC	NEXT	
	INC	2CH	;正数和的高位存入2CH
	SJMP	NEXT	
NEG:	CLR	C	;负数
	MOV	R2,♯0FFH	;拓展负数的高8位
	ADD	A,2FH	
	MOV	2FH,A	;负数累加和的低字节存入2FH
	MOV	A,2EH	

```
          ADDC    A,R2            ;负数的高字节相加
          MOV     2EH,A           ;负数和的高位存入 2EH
NEXT:     INC     R0
          DJNZ    10H,LOOP        ;未结束,则继续计算
          SJMP    $
          END
```

14. 分析:30H~39H 是 0~9 的 ASCII 码,将其减去 30H,得到十六进制数中的 0~9;
41H~46H 是 A~F 的 ASCII 码,将其减去 37H,得到十六进制数中的 A~F。每两
个字节 ASCII 码转化成一个字节十六进制数,分别作为十六进制的高位和低位。

【参考程序】

```
          ORG     0000H
          MOV     R0,♯30H
          MOV     R1,♯40H
          MOV     R2,♯4
L:        MOV     A,@R0           ;取第一个单元的 ASCII 码
          CJNE    A,♯41H,NEXT1    ;判断是数字还是字母,是数字则 C 为 1,是字母则 C 为 0
NEXT1:    JC      NUM1L           ;C=1,表示是数字,跳转
          SUBB    A,♯07H          ;是字母,先 - 07H,接着再 - 30H
NUM1L:    CLR     C
          SUBB    A,♯30H          ;数字减去 30H,得到一个十六进制数
NUM1:     SWAP    A               ;将该十六进制数移到高位
          MOV     @R1,A           ;保存
          INC     R0              ;指向下一个被转换数
          MOV     A,@R0
          CJNE    A,♯41H,NEXT2
NEXT2:    JC      NUM2L           ;C=1,表示是数字,跳转
          SUBB    A,♯07H          ;是字母,先 - 07H,接着再 - 30H
NUM2L:    CLR     C
          SUBB    A,♯30H          ;得到第二个十六进制数
NUM2:     ADD     A,@R1           ;合并转换后的两个十六进制数
          MOV     @R1,A           ;保存一个字节结果
          INC     R0
          INC     R1
          DJNZ    R2,L
          SJMP    $
          END
```

15. 分析:因为 ASCII 码是 7 位二进制数,所以可将字节的最高位 D7 作为校验位,即在该

位添加 0 或 1,使字节中的"1"的个数为奇数个。奇偶标志位 P 反映累加器 A 中"1"的个数的奇偶性;由于采用奇校验,所以要将 ASCII 码数的 P 求反,作为 D7 的内容。

【参考程序】

```
            ORG     0000H
            SJMP    BEGIN
            ORG     0030H
BEGIN:  MOV     DPTR,#2000H         ;ASCII 码首地址
            MOV     R0,#64H             ;发送计数器
LOOP:   MOVX    A,@DPTR             ;取 ASCII 码
            MOV     C,P
            CPL     C
            MOV     ACC.7,C             ;置奇校验
            MOV     P1,A                ;输出
            INC     DPTR
            DJNZ    R0,LOOP             ;循环
            SJMP    $
            END
```

16. 分析:设置 $\overline{\text{INT0}}$ 为下降沿触发中断方式。第一次按下 K0 请求 $\overline{\text{INT0}}$ 中断时,点亮 LED,并启动 T0 开始定时;定时时间 50ms,中断方式。每次 50ms 中断,判断是否到 250ms,是则改变 LED 显示状态。再次按下 K0 请求 $\overline{\text{INT0}}$ 中断时,熄灭 LED,停止 T0 工作。

【参考程序】

```
            LED     BIT     P1.0
            ORG     0000H
            LJMP    MAIN
            ORG     0003H
            LJMP    INT0SUB
            ORG     000BH
            LJMP    T0SUB

            ORG     0100H
MAIN:   MOV     TMOD,#01H           ;定时器 0 定时,工作方式 1
            MOV     TH0,#3CH            ;50ms 定时初值
            MOV     TL0,#0B0H
            MOV     R2,#5               ;50ms 个数初始化为 5
            CLR     F0                  ;INT0 中断次数标志,判断是奇数次还是偶数次
            SETB    EA                  ;CPU 中断开放
```

```
            SETB     EX0
            SETB     IT0                  ;INT1下降沿触发
            SETB     ET0
            SJMP     $


INTOSUB: JB          F0,IN0               ;第二次中断,熄灭 LED
            SETB     TR0                  ;第一次(奇数次)中断,启动 T0 工作
            SETB     F0
            CLR      LED                  ;LED 亮
            SJMP     RET1E
IN0:        CLR      F0
            CLR      TR0                  ;停止 T0 工作
            SETB     LED                  ;LED 灭
RET1E:      RETI


T0SUB:      MOV      TH0,#3CH             ;重装载时间常数
            MOV      TL0,#0B0H
            DJNZ     R2,OVER1
            CPL      LED                  ;LED 控制信号求反,改变显示状态
            MOV      R2,#5
OVER1:      RETI
```

17. 分析:要产生周期为 $500\mu s$ 的方波,需要每 $250\mu s$ 改变一次 P1.0 的电平,故定时时间应为 $250\mu s$,机器周期 $T_M=2\mu s$,所以可以采用定时器 T0 工作方式 2。TMOD 的方式控制字应为 02H;定时初值为 $X=256-125=131=83H$,将 83H 分别写入 TH0 和 TL0。

【参考程序】

```
            ORG      0000H
            LJMP     MAIN
            ORG      000BH
            LJMP     TIMER0
            ORG      0030H
MAIN:       CLR      P1.0
            MOV      TMOD,#02H
            MOV      TL0,#83H
            MOV      TH0,#83H
            SETB     EA
            SETB     ET0
            SETB     TR0
```

```
           SJMP      $
TIMER0：CPL       P1.0
           RETI
           END
```

18. 分析：200ms 的显示刷新时间，用定时器实现。T0 定时 50ms，中断 4 次即为 200ms。P0 口输出段码，共阴数码管的 com 端接地。a、b、c、d、e、f 的显示段码分别为 01H、02H、04H、08H、10H、20H，建立这 6 个段的显示段码表，通过查表获得段码。

【参考程序】

```
           TIMEBZ    BIT       00H
           ORG       0000H
           SJMP      MAIN
           ORG       000BH
           LJMP      T0INT                    ;T0 中断服务程序

           ORG       0100H
MAIN：MOV       TMOD,♯01H                ;T0 设为方式 1
           MOV       TL0,♯0B0H
           MOV       TH0,♯3CH                 ;T0 初值设为 50ms
           MOV       R7,♯04H                  ;R7 为 50ms 个数计数器
           SETB      TR0                      ;启动 T0
           SETB      ET0                      ;中断初始化
           SETB      EA
AGAIN：MOV      R0,♯00H                   ;从第 1 段开始显示
           MOV       R1,♯06H                  ;有 6 个段
           MOV       DPTR,♯TAB                ;从表格中取段码
L0：  MOV       A,R0
           MOVC      A,@A+DPTR                ;得到一个显示段码
           MOV       P0,A                     ;串行发送出段码
LOOP：JNB       TIMEBZ,LOOP              ;200ms 时间未到,等待
           CLR       TIMEBZ
           INC       R0                       ;时间到,准备显示下一段
           DJNZ      R1,L0                    ;6 个段未显示完毕,要显示下一段
           SJMP      AGAIN                    ;6 个段已轮流显示过一遍,继续重复

T0INT：MOV      TL0,♯0B0H                ;重装载系数
           MOV       TH0,♯3CH
           DJNZ      R7,NEXT1
           MOV       R7,♯04H
```

```
            SETB      TIMEBZ
NEXT1:      RETI
TAB:        DB        01H,02H,04H,08H,10H,20H    ;a、b、c、d、e、f 对应段
            END
```

19. 分析:设置原始高度为 s_n,落地后弹起的高度为 h_n,则每次落地两者的关系为 $h_n = s_n/2$;通过 for 语句循环 10 次即可计算第 10 次落地后的弹起高度。

【参考程序】

```
main()
{
    float sn = 100.0,hn = sn/2;
    int n;
    for(n = 2;n< = 10;n ++ )
    {
        hn = hn/2;                              //第 n 次反跳高度
    }
    printf("the tenth is  % f meter\n",hn);
}
```

20. 分析:该题的关键是开根号的计算。首先计算 $x^2 + y^2$,再利用 math. h 头文件中包含的 sqrt 函数,即可得到 $\sqrt{x^2 + y^2}$。

【参考程序】

```
# include <math. h>
float cal(float x,float y)
{
    float temp;
    temp = x * x + y * y;
    temp = sqrt(temp);
    temp = 1/temp;
    return(temp);
}
```

21. 分析:采用冒泡法排序。假设待排序的 N 个数据放在数组 a 中,首先在 a[0] 到 a[$N-1$]的范围内,依次比较相邻元素的值,若 a[J]<a[$J+1$],则交换,J 取 0,1,2,…,$N-2$;经过一次两两比较,N 个数中的最小值被换到 a[$N-1$]中。再对 a[0] 到 a[$N-2$]的数据进行冒泡法排序,找出该范围内的最小值换到 a[$N-2$]中。依次进行,最多进行 $N-1$ 次冒泡,即可完成排序。

【参考程序】

```
# include <reg51. h>              //头文件引用
```

```
＃define uchar unsigned char            //宏定义
＃define N 20
//主程序
void main (void)
{
    char reg[N] = {56，34，33，－23，－12，77，42，...}；  //原始数组
    uchar i, j;
    uchar m = 0, n = 0;                  //m 为数据比较的次数,n 为交换次数
    char temp;
    for(i = 0;i<N－1;i ++ )              //大循环 N－1 次
    {
        for(j = 0;j<N－1－i;j ++ )      //内部小循环两两比较次数,每次均比前次－1
        {
            if(reg[j]<reg[j＋1])        //后者比前者大,进行数值交换
                {
                    temp = reg[j];
                    reg[j] = reg[j＋1];
                    reg[j＋1] = temp;
                    n ++ ;              //统计交换次数
                }
            m ++ ;                      //统计比较次数
        }
    }
    while(1);                           //循环
}
```

22. 分析:先求出 16 个数的累加和,再除以 16 得到平均值;然后每个数依次与平均值进行比较,分别统计大于、等于、小于平均值的数据的个数。

【参考程序】

```
＃include ＜reg51.h＞                    //头文件引用
＃define uchar unsigned char             //宏定义
//主程序
void main (void)
{
    char reg[] = {56，34，33，－23，－12，77，42，－56，31，68，45，－67，55，88，－66，－99};
                                        //16 个带符号数
    uchar larger, smaller, equal, result,i;
    int Sum = 0;
    for(i = 0;i<16;i ++ )
```

```
        {
            Sum + = reg[i];                    //求 16 个数的和,放入 Sum 中
        }
        result = Sum/16;                       //求 16 个数的平均值,整数部分放入 result 中
        for(i = 0;i<16;i ++ )
        {
            if(result>reg[i])
            {
                smaller ++ ;                   //统计小于均值的数的个数
            }
            else if(reg[i] == result)
            {
                equal ++ ;                     //统计等于均值的数的个数
            }
            else
            {
                larger ++ ;                    //统计大于均值的数的个数
            }
        }
    while(1);
}
```

23. 分析:周期为 2ms 和 500μs 的方波,它们的高低电平宽度分别为 1ms 和 250μs。定时器 T1 工作在定时方式,采用工作方式 2,定时 250μs(初值为 6)。每 250μs 中断,P1.1引脚求反输出;同时记录中断次数,当中断次数达到 4 次时,表示 1ms 时间到,此时P1.0 引脚求反输出。

【参考程序(汇编)】

```
        ORG     0000H
        SJMP    MAIN
        ORG     001BH
        SJMP    T1INT                  ;T1 中断服务程序
        ORG     0100H
MAIN:   MOV     TMOD,#20H              ;设置 T1 采用工作方式 2
        MOV     TH1,#6H                ;定时 250μs
        MOV     TL1,#6H
        SETB    EA                     ;中断初始化
        SETB    ET1
        SETB    TR1                    ;启动定时器
        MOV     R0,#4H
```

```
        SETB    P1.0
        SETB    P1.1
        SJMP    $


        ORG     0050H
T1INT:  CPL     P1.1            ;P1.1 求反
        DJNZ    R0,RETURN       ;判断 1ms 定时时间是否到
        CPL     P1.0
        MOV     R0,#4H
RETURN: RETI
        END
```

【参考程序(C51)】

```
#include <reg51.h>
#define uchar unsigned char
sbit   P10 = P1^0;
sbit   P11 = P1^1;
uchar timer0_tick = 0;              //250μs 个数清 0
//主程序
void main (void)
{
    TMOD = 0x20;                    // T1 作为定时器,采用工作方式 2
    TH1 = 0x06;                     //设置定时器 T1 初值,定时 250μs
    TL1 = 0x06;
    EA = 1;
    ET1 = 1;                        //允许定时器 1 中断
    TR1 = 1;                        //启动定时器 T1
    P10 = 1;
    P11 = 1;
    while(1);                       //模拟主程序,进行频率显示等
}
//定时器 1 中断服务程序
void Timer1_ISR (void) interrupt 3
{
    P11 = ~P11;
    timer0_tick ++ ;
    if(timer0_tick == 4)           //250μs 个数等于 4,表示 1ms 到
    {
        timer0_tick = 0;
```

```
            P10 = ～P10;
        }
    }
```

24. 分析：频率100Hz，表示其周期为10ms；占空比为30％，表示高电平3ms，低电平7ms。设系统晶振频率为12MHz，令T1定时1ms，采用工作方式1，中断方式。进入1ms中断程序，首先重装载系数，中断个数＋1。当次数＝3时，P1.0输出变为低电平；当次数＝10时，输出变为高电平，这样就输出了一个高电平为3ms、低电平为7ms的矩形波。同时1ms个数清0，开始一个新的波形输出。

【参考程序（汇编）】

```
        ORG     0000H
        SJMP    MAIN
        ORG     001BH
        SJMP    T1INT           ;T1 中断服务程序
        ORG     0100H
MAIN:   MOV     TMOD,♯10H       ;设置 T1 采用工作方式 1
        MOV     TH1,♯0FCH       ;设置定时器 T1 初值,定时 1ms
        MOV     TL1,♯18H
        SETB    TR1             ;启动定时器
        SETB    ET1
        SETB    EA
        MOV     R0,♯0
        SETB    P1.0            ;初始输出高电平
        SJMP    $


        ORG     0050H
T1INT:  CLR     TF1
        MOV     TL1,♯18H
        MOV     TH1,♯0FCH       ;重装载定时常数
        INC     R0              ;1ms 个数 +1
        MOV     A,R0
        CJNE    A,♯3,N3         ;未到 3ms
        CLR     P1.0            ;到 3ms,输出低电平
        RETI
N3:     CJNE    A,♯10,N10       ;未到 10ms
        SETB    P1.0            ;到 10ms,输出高电平
        MOV     R0,♯0
N10:    RETI
        END
```

【参考程序(C51)】

```c
#include <reg51.h>
#define uchar unsigned char
sbit P10 = P1^0;
uchar volatile timer_tick = 0;
void main()
{
    TMOD = 0x10;
    TL1 = 0x18;
    TH1 = 0xfc;
    ET1 = 1;
    TR1 = 1;
    P10 = 1;
    EA = 1;
    while(1);
}
//定时器 1 中断服务程序
void Timer1_ISR (void) interrupt 3
{
    TL1 = 0x18;
    TH1 = 0xfc;
    timer_tick ++;
    if(timer_tick == 3)              //表示 3ms 到
        P10 = 0;
    if(timer_tick == 10)             //表示 10ms 到
    {
        P10 = 1;
        timer_tick = 0;
    }
}
```

## 第 3 部分

设计题

1. 分析：2 个开关分别连接在两个外部中断引脚 P3.2($\overline{INT0}$)和 P3.3($\overline{INT1}$)上，设置外部中断为下降沿触发，则当按下 K1 和 K2 时，分别触发对应的外部中断。在中断服务程序中改变数值，根据该数值查找 7 段码，并从 P0 口输出予以显示。

【参考程序(汇编)】

```
            ORG     0000H
            LJMP    MAIN
            ORG     0003H
            LJMP    AINT0
            ORG     0013H
            LJMP    BINT1

MAIN：       MOV     SP,♯0DFH
            SETB    EA
            SETB    EX0
            SETB    EX1
            SETB    IT0
            SETB    IT1
            MOV     R0,♯00H
            MOV     DPTR,♯TAB
UP：         MOV     A,R0
            MOVC    A,@A+DPTR
            MOV     P0,A
            SJMP    UP

AINT0：      INC     R0                  ;K1 按下,数值＋1(结果控制在 0～9),并显示
            CJNE    R0,♯10,AINT01
            MOV     R0,♯0
AINT01：     RETI
```

```
BINT1：  DEC     R0                        ;K2 按下,数值－1(结果控制在 0～9),并显示
         CJNE    R0,＃0FFH,BINT11
         MOV     R0,＃9
BINT11： RETI
TAB：    DB      3FH,06H,5BH,4FH,66H,6DH,7DH,07H,7FH,6FH      ;0～9 的段码
```

【参考程序 C51】

```c
#include <reg51.h>
uchar duanma[] = {0x3f,0x06,0x5b,0x4f,0x66,0x6d,0x7d,0x07,0x7f,0x6f};
                              //0-9 段码
void main()
{
    EX0 = 1;
    EX1 = 1;
    IT0 = 1;
    IT1 = 1;
    EA = 1;
    char i = 0;
    while(1)
        P0 = duanma[i];
}
//外部中断 0 服务程序
void INT0_ISR (void) interrupt 0
{
    i ++ ;
    if(i == 10)
        i = 0;
}
//外部中断 1 服务程序
void INT1_ISR (void) interrupt 2
{
    i -- ;
    if(i == -1)
        i = 0;
}
```

2. 分析:T0 采用定时方式,工作方式 1,定时 50ms(中断方式),20 个 50ms 得到 1s 定时;T1 采用计数方式,工作方式 1,计数初值为 0。T1(P3.5)引脚连接外部脉冲,累计 1s 内外部脉冲的个数,该计数值即为所测频率。频率值保存到 31H、30H 两个单元中。

【参考程序（汇编）】

```
            ORG     0000H
            LJMP    MAIN
            ORG     000BH
            LJMP    T0INT


            ORG     0100H
MAIN：   MOV     TMOD,#51H
            MOV     TH1,#00H              ;T1 计数方式,初值为 0
            MOV     TL1,#00H
            MOV     TH0,#3CH              ;T0 定时方式,定时 50ms
            MOV     TL0,#0B0H
            MOV     20H,#20               ;50ms 的个数初始化为 20
            SETB    EA
            SETB    ET0                   ;50ms 定时用中断方式
            SETB    TR0
            SETB    TR1
            SJMP    $                     ;模拟主程序,进行频率显示等


T0INT：  MOV     TH0,#3CH
            MOV     TL0,#0B0H
            DJNZ    20H,RET1              ;1s 未到,返回
            MOV     20H,#20               ;1s 到
            CLR     TR1
            MOV     30H,TL1               ;读取 T1 计数值,即频率值
            MOV     31H,TH1
            MOV     TL1,#00H              ;T1 初值重赋 0
            MOV     TH1,#00H
            SETB    TR1
RET1：   RETI
```

【参考程序（C51）】

```c
#include <reg51.h>
#define uchar unsigned char
#define TIMER0_H 0x3C
#define TIMER0_L 0xB0
uchar timer0_tick = 0;              //50ms 个数清 0
uchar fgao, fdi;                    //记录 T1 计数器记录脉冲数的高 8 位和低 8 位
```

```
//主程序
void main (void)
{
    TMOD = 0x51;                    //规定 T0 作为计数器,T1 作为定时器
    TH1 = 0x00;                     //设置定时器 T1 初值
    TL1 = 0x00;
    TH1 = TIMER1_H;                 //设置定时器 T0 初始值
    TL1 = TIMER1_L;
    EA = 1;
    ET0 = 1;                        //允许定时器 0 中断
    TR0 = 1;                        //启动定时器 T0
    TR1 = 1;                        //启动计数器 T1
    while(1);                       //模拟主程序,进行频率显示等
}
//定时器 1 中断服务程序
void Timer1_ISR (void) interrupt 3
{
    TH0 = TIMER1_H;                 // 设置定时器 Timer0 初值
    TL0 = TIMER1_L;
    timer0_tick ++ ;
    if(timer0_tick == 20)          //50ms 个数等于 20,表示 1s 到,读取 T1 的计数值
    {
        timer0_tick = 0;
        TR1 = 0;
        fgao = TH0;
        fdi = TL0;                  //把 1s 内的 T1 计数值赋给 fgao、fdi 两个变量
        TH0 = 0;                    //重新赋值,准备开始再次测量
        TL0 = 0;
        TR1 = 1;
    }
}
```

3. 分析:T0 采用定时方式,工作方式 1,定时初值 0,用于记录外部脉冲的周期(机器周期数)。外部脉冲信号连接到$\overline{INT1}$(P3.3)引脚,$\overline{INT1}$设置为下降沿触发方式,两个下降沿之间(两次中断之间)的时间则为周期。测得周期后,存放在 31H、30H 两个单元中,由此可计算得到外部脉冲的频率。

【参考程序(汇编)】

```
        ORG    0000H
        LJMP   MAIN
```

```
            ORG      0013H
            LJMP     INT1SUB

            ORG      0100H
MAIN:       MOV      TMOD,#01H         ;定时器 0 定时,工作方式 1
            MOV      TL0,#00H          ;记录一个周期的机器周期数,初值 = 0
            MOV      TH0,#00H
            CLR      F0                ;INT0中断次数标志,判断是第一次还是第二次中断
            SETB     EA
            SETB     EX1
            SETB     IT1               ;INT1下降沿触发
            SJMP     $                 ;模拟主程序,计算频率,进行显示等

INT1SUB:JB  F0,IN0                     ;第 2 次中断,表示一个周期结束
            SETB     TR0               ;第 1 次中断,启动 T0 开始定时
            SETB     F0                ;改变中断次数标志
            SJMP     RET1E
IN0:        CLR      F0
            CLR      EA
            CLR      TR0
            MOV      30H,TL0           ;读取定时器 0 的计数值,即一个周期时间
            MOV      31H,TH0
            MOV      TL0,#00H
            MOV      TH0,#00H
            SETB     EA
RET1E:      RETI
```

【参考程序(C51)】

```
# include <reg51.h>
# define uchar unsigned char
uchar tgao,tdi;                   //记录 T0 计数器累计的机器周期数的高 8 位和低 8 位
uchar f_INT0;
//主程序
void main (void)
{
    TMOD = 0x01;                  //设置定时器 0 工作在 16 位定时器方式
    TH0 = 0x00;
    TL0 = 0x00;
    TR0 = 0;
```

```
        EX1 = 1;                        //开启外部中断 0
        EA = 1;
        IT1 = 1;                        //外部中断 0,设置为下降沿触发方式
        f_INT0 = 0;                     //INT0中断次数标志,判断是第一次还是第二次中断
        while(1);                       //模拟主程序,计算频率,进行显示等
    }
    //外部中断 0 中断函数
    void INT0_ISR(void) interrupt 2
    {
        if(f_INT0 == 1)
        {
            f_INT0 = 0                  //第 2 次中断,读取 T0 的计数值,即一个周期时间
            EX1 = 0;
            TR0 = 0;
            tgao = TH0;
            tdi = TL0;
            TH0 = 0x00;
            TL0 = 0x00;
            EX1 = 1;
        }
        TR0 = 1;                        //第 1 次中断,启动 T0 开始定时
        f_INT0 = 1;
    }
```

4. **分析**:PWM 波通过 P1.0 输出,根据占空比要求,输出不同的高电平宽度(如 10% 的占空比,其高电平时间为 20ms,低电平时间为 180ms)。

　　设每隔 2s,改变一档占空比,因为 PWM 的周期为 200ms,所以 2s 能产生 10 个 PWM 波,此后就要进行占空比的改变。基本定时时间设定为 20ms(用 T0 实现),作为改变高低电平的基本时间。

　　对于每个周期的 PWM 波,共有 10 个 20ms,存放在 21H 单元中;由占空比确定的高电平的 20ms 个数,存放在 20H 单元中(占空比 10%～90% 分别用 1～9 表示)。每到一个 20ms,(20H)−1;若(20H)−1 为 0,则置 P1.0=0,表示高电平结束。同时,每到 20ms,(21H)−1;若(21H)−1 为 0,则置 P1.0=1,表示一个周期结束。

　　每种占空比的 PWM 波形输出 10 个,就到了 2s,于是占空比增加 10%,即 20H 的内容要+1。如此循环,输出不同占空比的 PWM 波(见图 2-1)。

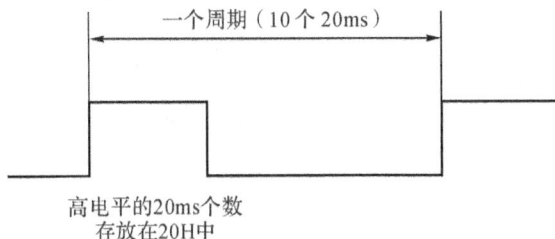

图 4-3　PWM 波形图

【参考程序（汇编）】

```
        F_20ms  BIT     00H
        ORG     0000H
        LJMP    MAIN
        ORG     000BH
        SJMP    T0INT
MAIN：  CLR     F_20ms          ;20ms 到,标志清 0
        CLR     P1.0            ;P1.0 初始化为低电平
        MOV     TMOD,#01H
        MOV     TH0,#0B1H       ;20ms 定时初值
        MOV     TL0,#0E0H
        SETB    ET0
        SETB    EA
        SETB    TR0             ;启动定时
ZKBT01：MOV     20H,#1          ;占空比从 10%开始,占空比 10%~90%用 1~9 表示
LOOP3： MOV     R0,#10          ;2s,共 10 个周期
LOOP2： MOV     21H,#10         ;1 个周期 200ms 有 10 个 20ms
        MOV     R1,20H          ;占空比数值赋给 R1
LOOP1： JNB     F_20ms,LOOP1    ;等待 20ms 到
        MOV     TH0,#0B1H       ;20ms 到,重装载定时常数
        MOV     TL0,#0E0H
        CLR     F_20ms
        DEC     R1              ;占空比参数-1,表示高电平过了一个 20ms
        CJNE    R1,#00,NEX1
        SJMP    TOLOW           ;高电平时间到,变为低电平
NEX1：  DEC     21H             ;R1=0,表示高电平已结束,R1 不要-1
        MOV     A,21H
        JZ      TOHIH           ;低电平时间到,变为高电平
        SJMP    LOOP1           ;未到一个周期
TOLOW： CLR     P1.0            ;变为低电平
```

```
            SJMP      NEX1
TOHIH： SETB      P1.0                    ;低电平结束,表示一个周期结束
            DJNZ      R0,LOOP2                ;周期数-1,不为0,继续输出原占空比波形
            INC       20H                     ;已输出2s,则占空比数值+1
            MOV       A,20H
            CJNE      A,#10,LOOP3             ;转去输出新占空比的PWM波
            MOV       20H,#1                  ;占空比重新从10%开始
            SJMP      LOOP3


TOINT： MOV       TH0,#0B1H
            MOV       TL0,#0E0H
            SETB      F_20ms                  ;建立20ms到标志
            RETI
            END
```

【参考程序(C51)】

```c
#include <reg51.h>
#define uchar unsigned char
sbit P10 = P1^0;
//主程序
void main()
{
    TMOD = 0x01;
    TL0 = 0xe0;                 //定时器初始化,定时20ms
    TH0 = 0xb1;
    TR0 = 1;                    //启动定时
    ET0 = 1;
    EA = 1;
    P10 = 0;                    //P1.0初始化为低电平
    uchar high = 0;
    uchar num2s = 10;
    uchar num20ms = 10;
    uchar zhankongbi = 1;       //设置占空比为10%,占空比10%~90%用1~9表示
    high = zhankongbi;
}
//定时器0中断服务程序
void Timer0_ISR (void) interrupt 1
{
    TL0 = 0xe0;                 //重装初值
```

```
        TH0 = 0xb1;
        num20ms -- ;                    // 20ms 次数减 1
        high -- ;                       //高电平 20ms 个数减 1
        if(P10 == 0)
        {
            if (num20ms == 0)           //一个周期 200ms 到,输出高电平
            {
                P10 = 1;
                num20ms = 10;
                if(num2s -- == 0)       //2s 到,改变占空比
                {   num2s = 10;
                    if(zhangkongbi ++ == 10)
                    zhangkongbi = 1;
                }
            }
        }
        else
        {
            if (high == 0)              //高电平持续时间到,转换为低电平
                P10 = 0;
        }
}
```

5. 分析:数码管共 8 个,显示数字 10 个;在内存中开辟一个存放 10 个数字的数据缓冲区 (bf1~bf10),同时其前 8 个单元(bf1~bf8)为显示缓冲区,其内容分别显示在第 1~8 个数码管上(见图 4-4)。

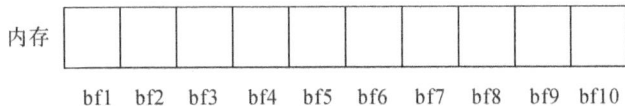

内存　[　][　][　][　][　][　][　][　][　][　]

bf1　bf2　bf3　bf4　bf5　bf6　bf7　bf8　bf9　bf10

图 4-4　数据缓冲区

设计一个显示子程序,功能是将显示缓冲区(bf1~bf8)的 8 个数字显示在第 1~8 个数码管上。每到 1s,改变显示缓冲区中的内容,即将数据缓冲区 10 个单元的内容整体循环移动一个单元,注意 bf1 单元内容移到 bf10 单元。如此循环,就能够看到滚动显示的 10 个数字,滚动显示速度为 1s。

采用定时器 T0 定时 20ms,每到 20ms 进行一次显示刷新(即调用一次显示子程序);50 个 20ms 即到 1s,此时进行缓冲区内容的移动。因此每到 1s,显示效果是数字从右到左滚动一个。

【参考程序(汇编)】

```
        BF1       EQU   30H
        BF2       EQU   31H
                  ⋮
        BF9       EQU   38H
        BF10      EQU   39H
        FLAG20ms  BIT   00H
        FLAGs     BIT   01H
            ORG   0000H
            SJMP  MAIN
            ORG   000BH
            LJMP  TOINT          ;T0 中断服务程序

            ORG   0100H
MAIN:   MOV   TMOD,#01H       ;T0 设为方式1
        MOV   TL0,#0E0H
        MOV   TH0,#0B1H       ;T0 初值设为20ms
        MOV   R7,#50          ;R7 为20ms 个数计数器
        SETB  TR0             ;启动 T0
        SETB  ET0             ;中断初始化
        SETB  EA
        MOV   BF1,#03         ;设显示数字为3080123456
        MOV   BF2,#00
        MOV   BF3,#08
        MOV   BF4,#00
        MOV   BF5,#01
        MOV   BF6,#02
        MOV   BF7,#03
        MOV   BF8,#04
        MOV   BF9,#05
        MOV   BF10,#06
LOOP1:  JBC   FLAG20ms,DISPAGN
        SJMP  LOOP1
DISPAGN: LCALL DISPLAY        ;20ms 到,进行一次显示刷新
        JBC   FLAGs,CHANGE
        SJMP  LOOP1           ;未到1s,继续显示刷新
CHANGE: MOV   R2,#9           ;1s 到,移动数据缓冲区内容
        MOV   R0,#BF1
        MOV   R1,#BF2
```

```
        MOV     B,@R0          ;第一个数字暂存到B,将移动到BF10
MOVXT:  MOV     A,@R1
        MOV     @R0,A
        INC     R0
        INC     R1
        DJNZ    R2,MOVXT
        MOV     BF10,B         ;原第一个数(BF1),移动到最后(BF10)
        SJMP    LOOP1


TOINT:  MOV     TL0,#0E0H      ;重装载系数
        MOV     TH0,#0B1H
        SETB    FLAG20ms
        DJNZ    R7,NEXT1
        MOV     R7,#50
        SETB    FLAGs
NEXT1:  RETI
        END


DISPLAY:……                     ;将显示缓冲区 bf1~bf8 的内容显示到数码管上,
                               ;请自行设计,此处省略
```

【参考程序(C51)】

```c
#include <reg51.h>
// 常量及全局变量定义
#define uchar unsigned char
uchar duanma[] = {0x3f,0x06,0x5b,0x4f,0x66,0x6d,0x7d,0x07,0x7f,0x6f};   //段码
uchar number[] = {3,0,8,0,1,2,3,4,5,6};     //待显示的 10 个数字
uchar weima[] = {0xFE, 0xFD, 0xFB, 0xF7,0xEF, 0xDF,0xBF,0x7F};          //位码
uchar time_20ms;
uchar flag1s = 0;
uchar flag20 = 0;

//数码管动态显示函数
void display(void)
{
    uchar i = 0;
    uchar temp = 0;
    for(i = 0;i<8;i++)
    {
```

```
        P0 = 0x00;                      //禁止所有数码管显示,消隐
        P0 = duanma[number[temp]];      //送显示段码
        P1 = weima[i];                  //送显示位码
        delay_1ms();                    //函数省略
        temp ++;
        if(temp == 8)
            temp = 0;
    }
}


// 主程序
void main (void)
{
    TMOD = 0x01;                        //T0 工作在 16 位工作方式
    TH0 = 0xB1;                         //定时 20ms
    TL0 = 0xE0;
    ET0 = 1;                            //开启 T0 中断
    EA = 1;
    TR0 = 1;                            //开启 T0
    time_20ms = 0;
    while(1)
    {
        display();
        while(flag20 == 0);             //等待 20ms 到,刷新显示
            flag20 = 0;
        if(flag1s == 1)                 //等待 1s 到,数据移动一位
        {
            Tab_shift();                //移动数据缓冲区内容
            flag1s = 0;
        }
    }
}


//定时器 0 中断服务程序
void T0_ISR(void) interrupt 1
{
    time_20ms ++;
    flag20 = 1;
```

```
    TH0 = 0xB1;                              //定时 20ms
    TL0 = 0xE0;
    if(time_20ms == 50)                      //第 50 次进入中断,定时到 1s
    {
        flag1s = 1;
        time_20ms = 0;
    }
}


void Tab_shift(void)
{
    uchar i, temp1;
    temp1 = number[0];                       //将 number[0]中暂存在 temp1 中
    for(i = 0;i<9;i++ )
    {
        number[i] = number[i + 1];           //数组各元素移动一个位置
    }
    number[9] = temp1;
}
```

6. 分析:根据图 2-5 电路,段码输出口为 P0,位码输出口为 P1。由于是共阴数码管,所以 1♯~8♯ 数码管的位控信号为: 0FEH、0FDH、0FBH、0F7H、0EFH、0DFH、0BFH、7FH。

设从第 1 个数码管开始,滚动显示如图 4-5 所示各数码管的边缘各段。第 1 个数码管要滚动显示 d、e、f、a 共四段,它们的段码为 08H、10H、20H、01H,位控信号为 0FEH;第 2~7 个数码管要显示的均为 a、d 两段,它们的段码为 01H、08H,位控信号分别为 0FDH、0FBH、0F7H、0EFH、0DFH、0BFH;第 8 个数码管要滚动显示 a、b、c、d 共四段,它们的段码为 01H、02H、040H、08H,位控信号为 7FH。

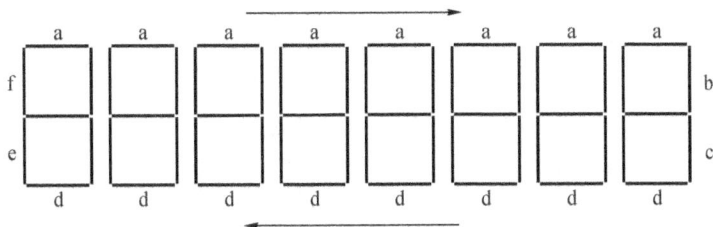

图 4-5　滚动显示数码管边缘各段

将要滚动显示的各段的段码及其对应的位码,分别设置为两个表格 duan 和 wei,从第 1 个数码管的 d 段开始显示,则两个表格内容为:

duan;08H,10H,20H,01H   ;第 1 个数码管 4 个段的段码

```
        01H,01H,01H,01H,01H,01H          ;第2～7个数码管的a段段码
        01H,02H,040H,08H                 ;第8个数码管4个段的段码
        08H,08H,08H,08H,08H,08H          ;第2～7个数码管的d段段码
wei：  0FEH,0FEH,0FEH,0FEH               ;第1个数码管的位码
        0FDH,0FBH,0F7H,0EFH,0DFH,0BFH    ;第2～7个数码管的位码
        7FH,7FH,7FH,7FH                  ;第8个数码管的位码
        0BFH,0DFH,0EFH,0F7H,0FBH,0FDH    ;第7～2个数码管的位码
```

用 T0 定时 50ms,3 次为 150ms,进行一次滚动。每到 150ms,取出新的段码和位码,分别输出到段码口和位码口。

【参考程序(汇编)】

```
                FLAGms   BIT   00H
                ORG      0000H
                SJMP     MAIN
                ORG      000BH
                SJMP     T0INT

MAIN：          MOV      TMOD,＃01H
                SETB     ET0
                SETB     EA
                MOV      TH0,＃3CH          ;定时50ms
                MOV      TL0,＃0B0H
                MOV      R7,＃3
                SETB     TR0
AGAIN：         MOV      R2,＃20            ;共有20个段
                MOV      R0,＃0             ;从表格的第0个元素开始显示
LOOP2：         MOV      A,R0
                MOV      DPTR,＃duan        ;指向段码表
                MOVC     A,@A+DPTR          ;取出一个段码
                MOV      P0,A               ;输出到段码口
                MOV      A,R0
                MOV      DPTR,＃wei         ;指向位码表
                MOVC     A,@A+DPTR          ;取出一个位码
                MOV      P1,A               ;输出到位码口,此时,仅位码有效的数码管显示
LOOP0：         JBC      FLAGms,LOOP1       ;到滚动时间
                SJMP     LOOP0
LOOP1：         INC      R0
                DJNZ     R2,LOOP2           ;显示下一段
                SJMP     AGAIN              ;各段一遍显示完毕,继续从头开始显示
```

```
TOINT:   MOV    THO,#3CH          ;重装载时间常数
         MOV    TLO,#0B0H
         DJNZ   R7,RE             ;定时 150ms
         MOV    R7,#3
         SETB   FLAGms            ;建立 150ms 到标志
RE:      RETI

duan:DB  08H,10H,20H,01H          ;第 1 个数码管 4 个段的段码
     DB  01H,01H,01H,01H,01H,01H  ;第 2~7 个数码管的 a 段段码
     DB  01H,02H,040H,08H         ;第 8 个数码管 4 个段的段码
     DB  08H,08H,08H,08H,08H,08H  ;第 2~7 个数码管的 d 段段码
wei: DB  0FEH,0FEH,0FEH,0FEH       ;第 1 个数码管的位码
     DB  0FDH,0FBH,0F7H,0EFH,0DFH,0BFH  ;第 2~7 个数码管的位码
     DB  7FH,7FH,7FH,7FH           ;第 8 个数码管的位码
     DB  0BFH,0DFH,0EFH,0F7H,0FBH,0FDH  ;第 7~2 个数码管的位码
```

【参考程序(C51)】

```c
#include <reg51.h>
// 常量及全局变量定义
#define uchar unsigned char
uchar duanma[] = {0x08,0x10,0x20,0x01,0x01,0x01,0x01,0x01,0x01,0x01,
            0x01,0x02,0x40,0x08,0x08,0x08,0x08,0x08,0x08,0x08};
uchar weima[] = {0xFE,0xFE,0xFE,0xFE,0xFD,0xFB,0xF7,0xEF,0xDF,0xBF,
            0x7F,0x7F,0x7F,0x7F,0BFH,0DFH,0EFH,0F7H,0FBH,0FDH};
uchar time_50ms;
uchar f_150ms;

// 主程序
void main (void)
{
    TMOD = 0x01;              //T0 工作在 16 位工作方式
    TH0 = 0x3C;               //定时 50ms
    TL0 = 0xB0;
    ET0 = 1;                  //开启 T0 中断
    EA = 1;
    TR0 = 1;                  //开启 T0
    time_50ms = 0;
    f_150ms = 0;
```

```
        while(1)
        {
            uchar i = 0;
            for(i = 0;i<20;i++ )
            {
                P0 = 0x00;                  //禁止所有数码管显示,消隐
                P0 = duanma[i];             //送显示段码
                P1 = weima[i];              //送显示位码
                while(f_150ms == 0);        //等待 150ms 到,刷新显示
                f_150ms = 0;
            }
        }
    }


//定时器 0 中断服务程序
void T0_ISR(void) interrupt 1
{
    time_50ms ++ ;
    TH0 = 0x3C;                             //定时 50ms
    TL0 = 0xB0;
    if(time_50ms == 3)                      //第 3 次进入中断,定时到 150ms
    {
        time_50ms = 0;
        f_150ms = 1;
    }
}
```

7. 分析:(1) 选用 ADC0809 测量 8 路电机的输出电压;用 P1 口控制 8 个 LED,分别作为 8 个电机的报警灯。电机转速测量、报警系统的硬件电路如图 4-6 所示。

(2) 用 T0 定时 50ms,时间常数为 3CB0H,中断方式;2 次 50ms 中断为 100ms,采集 1 路电机转速,保存并进行超限判断,根据判断结果控制 LED 的亮灭。

(3) 由于直流测速电机输出电压为 0~5V(对应电机转速为 0~1024rad/min),A/D转换结果为 00H~FFH;因此电机转速 512rad/min 所对应电压 2.5V 的 A/D 转换结果为 80H。判断时,若实际 A/D 转换结果<80H,点亮对应的 LED,否则熄灭该 LED。

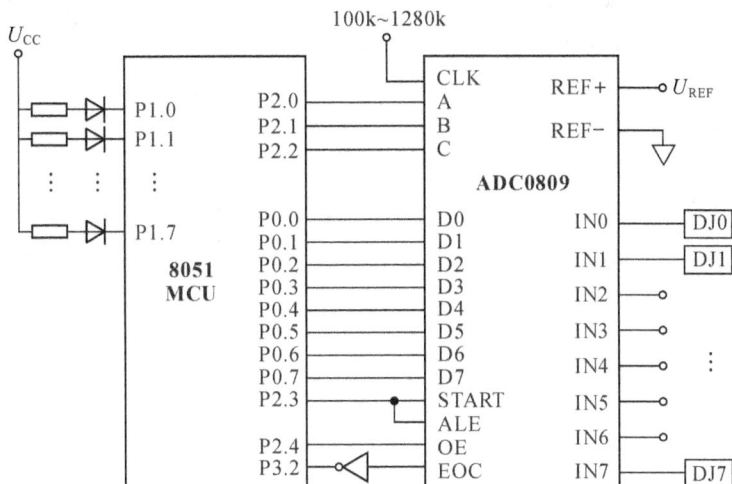

图 4-6　多路电机测速、报警系统硬件电路

【参考程序(汇编)】

```
          AddA    BIT   P2^0；
          AddB    BIT   P2^1；
          AddC    BIT   P2^2；
          ADSta   BIT   P2^3；
          ADOE    BIT   P2^4；
          f-one   BIT   00H
          ORG     0000H
          AJMP    MAIN
          ORG     000BH                   ;定时器中断
          AJMP    TIMER0_INT
          ORG     0030H
MAIN:     MOV     TMOD,♯01H               ;定时器/计数器 T0 为定时方式 1
          MOV     TH0,♯3CH                ;定时 50ms
          MOV     TL0,♯0B0H
          MOV     R4,♯2                   ;2 次中断产生 100 ms 定时
          MOV     P1,♯0FFH                ;初始令 LED 全灭
          CLR     f-one
          SETB    TR0
          SETB    EA
          SETB    ET0
AGAIN:    MOV     R1,♯8                   ;采样通道计数器
          MOV     R3,♯01H                 ;LED 显示初始状态
          MOV     P2,♯0                   ;通道 0 地址
```

```
                MOV     R0,#40H             ;要存入数据的首地址
        LOOP：  JNB     f-one,$             ;等待一次测量结束
                CLR     f-one
                MOV     @R0,A               ;保存测量结果
                INC     R0
                JB      ACC.7,NEXT1         ;判断转速是否低于下限(512rad/min)
                MOV     A,R3                ;低于下限,则点亮对应的 LED 灯
                CPL     A
                ANL     P1,A
        NEXT1： INC     P2                  ;准备转换下一通道
                MOV     A,R3                ;修改点亮的 LED
                RL      A
                MOV     R3,A
                DJNZ    R1,LOOP
                SJMP    AGAIN               ;定时中断等待

        TIMER0_INT：                        ;每到100ms,进行一个通道的采集,结果保存在 A 中
                DJNZ    R4,AGAIN            ;判定 100ms 到否
                MOV     R4,#2               ;2 次中断产生 100ms 定时
                SETB    ADSta               ;锁存通道地址
                NOP
                CLR     ADSta               ;启动 A/D 转换
                JB      P3.2,$              ;查询等待 A/D 转换完成
                SETB    ADOE
                MOV     A,P0                ;存入 A/D 转换值
                CLR     ADOE
                SETB    f-one               ;建立一个通道测量完毕标志
        AGAIN： MOV     TH0,#3CH            ;重置定时器值
                MOV     TL0,#0B0H
                RETI
                END
```

【参考程序(C51)】

```
#include <reg51.h>
sbit   AddA = P2^0;
sbit   AddB = P2^1;
sbit   AddC = P2^2;
sbit   ADSta = P2^3;
sbit   ADOE = P2^4;
```

```
sbit   ADEOC = P3^2;
#define uchar unsigned char
bit s_flag = 0;
uchar sec_50ms = 0;
uchar LED[8] = {0x7f,0xbf,0xdf,0xef,0xf7,0xfb,0xfd,0xfe};        //LED 显示缓冲区
//主程序
void main(void)
{
    TMOD = 0x01;                //T0 工作在 16 位工作方式
    TH0 = 0x3C;                 //定时 50ms
    TL0 = 0xB0;
    ET0 = 1;                    //开启 T0 中断
    EA = 1;
    TR0 = 1;                    //开启 T0
    uchar i = 0
    uchar a,b;
    uchar result;
    while(1)
    {
        P2 = i;                 //设置 A/D 通道
        ADSta = 1;              //锁存通道号
        _nop_();_nop_();
        ADSta = 0;              //启动 A/D 转换
        _nop_();_nop_();
        while(! ADEOC == 0);    //等待转换完成
        ADOE = 1;
        result = P0;            //读取转换结果
        ADOE = 0;
        if(result<128)
            P1 = LED[i];
        while(s_flag == 0);     //等待 100ms 时间到
        s_flag = 0;             //清除 100ms 时间到标志
        i ++ ;                  //转换下一通道
        if(i == 8)
            i = 0;
    }
}
```

```
//定时器 0 中断服务程序
void timer0() interrupt 1
{
    THO = 0x3C;                    //重新装载初值
    TL0 = 0xB0;
    sec_50ms ++ ;                  //50ms 到,计数加 1
    if(sec_50ms == 2)             //2 个 50ms,表示 100ms 到
    {
        sec_50ms = 0;             //50ms 计数清 0
        s_flag = 1;               //建立 100ms 到标志
    }
}
```

8. 分析:用定时器 T0 定时 50ms,软件计数 20 次实现 1s 定时,在中断程序中建立秒标志 s_flag。到 1s 时,进行一个通道的 A/D 转换,结果保存到内存的 ADBUF 中。显示电路采用如图 2-5 所示的 8 位动态数码管电路,使用其中的前 6 个数码管进行显示。

开辟 6 个字节的显示缓冲区 DISBUF,分别存放 CH(表示通道的意思)的 2 个 7 段码,表示通道号 1~8 的 1 个 7 段码,然后是"="的 7 段码,最后 2 字节是转换结果对应的 7 段码。(计算数值、更新显示缓冲区的子程序 DISCHAN,省略)

DISPLAY 子程序,将 6 字节显示缓冲区的内容输出到数码管进行显示。(子程序省略)

【参考程序(汇编)】

```
        AddA    BIT    P2.0          ;P2.0 接 A/D 转换器的 A 端
        AddB    BIT    P2.1          ;P2.1 接 A/D 转换器的 B 端
        AddC    BIT    P2.2          ;P2.2 接 A/D 转换器的 C 端
        ADSta   BIT    P2.3          ;P2.3 接 A/D 转换器的 START 和 ALE 端
        ADOE    BIT    P2.4          ;P2.4 接 A/D 转换器的 OE 端
        ADEOC   BIT    P3.2          ;P3.2 接 A/D 转换器的 EOC 端
        ADBUF   EQU    20H
        NMB50ms EQU    21H
        DISBUF  EQU    #30H
        s_flag  BIT    00H


        ORG     0000H
        SJMP    MAIN
        ORG     000BH                ;T0 中断入口地址
        LJMP    T0SUB


        ORG     0030H
MAIN:   SETB    IT0                  ;中断初始化
```

```
            SETB      EA                      ;开中断
            SETB      EX0                     ;允许INT0中断
            SETB      ET0                     ;允许 T0 中断
            MOV       TMOD,#01H               ;设 T0 为方式 1
            MOV       TH0,#3CH                ;设置 T0 定时初值
            MOV       TL0,#0B0H
            SETB      TR0                     ;启动定时
            CLR       s_flag                  ;秒标志清 0
            MOV       NMB50ms,#0
AGAIN:      MOV       R2,#8                   ;8 通道计数器
            MOV       P2,#00H                 ;指向 0 通道
LOOP:       JB        s_flag,ADchange         ;判断是否到 1s,转换下一通道
            LCALL     DISPLAY                 ;未到 1s,进行显示刷新(DISPLAY 子程序省略)
            SJMP      LOOP
ADchange:   CLR       s_flag
            SETB      ADSta                   ;锁存通道地址
            NOP
            CLR       ADSta                   ;启动 A/D
            NOP
            JB        ADEOC,$                 ;等待转换结束
            SETB      ADOE
            MOV       A,P0                    ;读取转换结果
            CLR       ADOE
            MOV       ADBUF,A                 ;存数据
            LCALL     DISCHAN                 ;更新显示缓冲区内容(DISCHAN 省略)
            INC       P2                      ;通道 + 1
            DJNZ      R2,LOOP                 ;转去下一通道
            SJMP      AGAIN                   ;再从第一通道开始

            ORG       0200H
T0SUB:      MOV       TH0,#3CH                ;重装载定时初值
            MOV       TL0,#0B0H
            INC       NMB50ms                 ;50ms 个数 + 1
            MOV       A,NMB50ms
            CJNE      A,#20,RETU1             ;判断是否到 1s,未到则返回
            SETB      s_flag
RETU1:      RETI
            END
```

【参考程序(C51)】

```
# include <reg51.h>
sbit   AddA = P2^0;
sbit   AddB = P2^1;
sbit   AddC = P2^2;
sbit   ADSta = P2^3;
sbit   ADOE = P2^4;
sbit   ADEOC = P3^2;
# define uchar unsigned char
bit s_flag = 0;
uchar sec_50ms = 0;
uchar disbuf[6] = {0x39,0x76,0,0x48,0,0};                      //显示缓冲区
uchar duanma[] = {0x3f,0x06,0x5b,0x4f,0x66,0x6d,0x7d,0x07,0x7f,0x6f};  //0~9 段码
uchar weima[] = {0xFE,0xFD,0xFB,0xF7,0xEF,0xDF,0xBF,0x7F};     //位码
//数码管动态显示函数
void display(void)
{
    uchar i = 0;
    for(i = 0;i<6;i++)
    {
        P0 = 0x00;                    //禁止所有数码管显示,消隐
        P0 = disbuf[i];               //送显示段码
        P3 = weima[i];                //送显示位码
        Delay1ms();                   //延时函数略
    }
}
//主程序
void main(void)
{
    TMOD = 0x01;                      //T0 工作在 16 位工作方式
    TH0 = 0x3C;                       //定时 50ms
    TL0 = 0xB0;
    ET0 = 1;                          //开启 T0 中断
    EA = 1;
    TR0 = 1;                          //开启 T0
    uchar i,a,b;
    uchar result;
    while(1)
```

```
        {
            for(i = 0,i<8,i ++ )
            {
                P2 = i;                     //设置 A/D 通道
                ADSta = 1;                  //锁存通道号
                _nop_();_nop_();
                ADSta = 0;                  //启动 A/D 转换
                _nop_();_nop_();
                while(! ADEOC == 0);        //等待转换完成
                ADOE = 1;
                result = P1;                //读取转换结果
                ADOE = 0;
                a = result % 16;
                b = result/16;
                disbuf[5] = duanma[a];      //保存转换结果的段码
                disbuf[4] = duanma[b];
                disbuf[2] = duanma[i + 1];  //保存对应通道段码
                while(s_flag == 0)          //等待 1s 时间到
                {
                    display();              //显示转换结果
                }
                s_flag = 0;                 //清除 1s 时间到标志
            }
        }
}


//定时器 0 中断服务程序
void timer0() interrupt 1
{
    TH0 = 0x3C;                     //重新装载初值
    TL0 = 0xB0;
    sec_50ms ++ ;                   //50ms 到,计数加 1
    if(sec_50ms == 20)              //20 个 50ms,表示 1s 到
    {
        sec_50ms = 0;               //50ms 计数清 0
        s_flag = 1;                 //建立秒标志
    }
}
```

9. 分析：第一级寄存器的使能端$\overline{CS}$、$\overline{WR1}$接地（始终使能）；DAC 寄存器的使能端$\overline{XFER}$、$\overline{WR2}$连接到 P1.0，即 P1.0＝0 时，选通。设电路连接的参考电压 $U_{REF}=-5V$，则三角波可能输出的最高点电压为 5V。

图 2-8 所示三角波的最小值是 0V，对应数字量为 00H；最大值是 3V，对应数字量为 153。

上升段 $t_1=75ms$，即从 0 上升到 153 的时间为 75ms，则 75000/154＝487(μs)时间更新一个数；下降段 $t_2=25ms$，即从 153 下降到 0 的时间为 25ms，则 25000/154＝162(μs)时间更新一个数。

用定时器定时控制输出间隔，有两种方式。方式 1：T0 定时 487μs，在上升段，定时到则数字量＋1 再输出；在下降段，定时到则数字量－3 再输出。方式 2：T0 定时 162μs，在上升段，到 3 倍时间则数字量＋1 再输出；在下降段，定时到则数字量－1 再输出。

此外，也可用软件延时，分别编写延时 162μs 和 487μs 的子程序，予以调用。

【参考程序（汇编）】T0 工作方式 1，定时 487μs，定时初值为 FE19H：

```
            T_flag    BIT     00H
            Dmax      EQU     ♯153
            Dmin      EQU     ♯0
            ORG       0000H
            SJMP      MAIN
            ORG       000BH              ;T0 中断入口地址
            LJMP      T0SUB


            ORG       0030H
    MAIN：  MOV       TMOD,♯01H          ;设置 T0 工作方式 1
            MOV       TH0,♯0FEH          ;设置 T0 定时初值
            MOV       TL0,♯19H
            SETB      TR0                ;启动定时
            SETB      EA                 ;开中断
            SETB      ET0                ;允许 T0 中断
            CLR       T_flag             ;定时到标志清 0
    MAIN：  MOV       A,Dmin
    ULOOP：CLR       P1.0
            MOV       P0,A               ;输出一个数据
            SETB      P1.0
            JNB       T_flag,$
            CLR       T_flag
            INC       A
            CJNE      A,Dmax＋1,ULOOP     ;输出未到最高点,继续
    DLOOP：DEC       A                   ;保证最高点输出一次
```

```
        DEC        A
        DEC        A
        CLR        P1.0
        MOV        P0,A
        SETB       P1.0
        JNB        T_flag,$
        CLR        T_flag
        CJNE       A,#00H,DLOOP
        INC        A                        ;保证最低点输出一次
        SJMP       ULOOP

        ORG        0200H
T0SUB:MOV          TH0,#0FEH                ;重装载定时初值
        MOV        TL0,#19H
        SETB       T_flag
RETU1:RETI
        END
```

【参考程序(C51)】T0 工作方式 1,定时 $487\mu s$,定时初值为 0xFE19:

```c
#include <reg51.h>
#define DAMAX 153
bit Flag = 0;
sbit XFER = P1^0;
//DA 输出函数
void DAOutput(int iVol)
{
    XFER = 0;
    P0 = iVol;                           // 输出一个数据
    XFER = 1;
}
//主程序
main(void)
{
    int iVol = 0;
    TMOD = 0x01;                         //T0 工作方式 1
    TH0 = 0xFE;
    TL0 = 0x19;                          //定时 487μs
    EA = 1;                              //CPU 总中断开
    ET0 = 1;                             //允许 T0 中断
```

```
    TR0 = 1;                                    //启动 T0
    while(1)
    {
        for(iVol = 0; iVol< = DAMAX; iVol ++ )     //上升段
        {
            while(Flag == 0);                   //等待时间到
            DAOutput(iVol);                     //输出一个数据
            Flag = 0;
        }
        for(iVol = DAMAX; iVol>0; iVol = iVol - 3)  //下降段
        {
            while(Flag == 0);
            DAOutput(iVol);
            Flag = 0;
        }
    }
}

//定时器 0 中断服务程序
void timer0() interrupt 1
{
    TH1 = 0xFE;
    TL1 = 0x19;                                 //重装载定时初值
    Flag = 1;                                   //时间到标志位置 1
}
```

10. 分析：

(1)多机通信时，要采用 11 位的数据帧格式（即串口工作方式 2、3），其中的第 8 位（TB8、RB8）作为地址/数据的标识位。

地址信息：起始位、地址（8 位）、TB8＝1、停止位。

数据信息：起始位、数据（8 位）、TB8＝0、停止位。

(2) T1 作为波特率发生器，定时方式 2；波特率 9600bps 对应的定时初值为 0FDH。

(3) 主、从机通信过程如下：

①主、从机均初始化为方式 2 或方式 3，且置 SM2＝1，允许多机通信。

②当主机要与某一从机通信时，发出该从机的地址并置 TB8＝1。

③各从机均能接收到主机发送的地址信息，并与本机地址比较。

④地址比较相等的从机，表示被寻址，将 SM2 清 0，使其进入接收数据帧状态；其余地址比较不符的从机，表示没有被寻址，继续保持 SM2＝1 不变，则其对主机随后发送的数据帧将接收不到，直至发来新的地址帧。

⑤主机与寻址的从机进行数据通信,由于发送命令和数据的 TB8 均为 0,因此只有被呼叫的从机能接收到(因为它的 SM2＝0),实现了主、从机一对一的通信。

⑥主、从机一次通信结束后,该从机重置 SM2＝1;主机可再次寻址并开始新的一次通信。

⑦主、从机程序流程如图 4-7 所示。

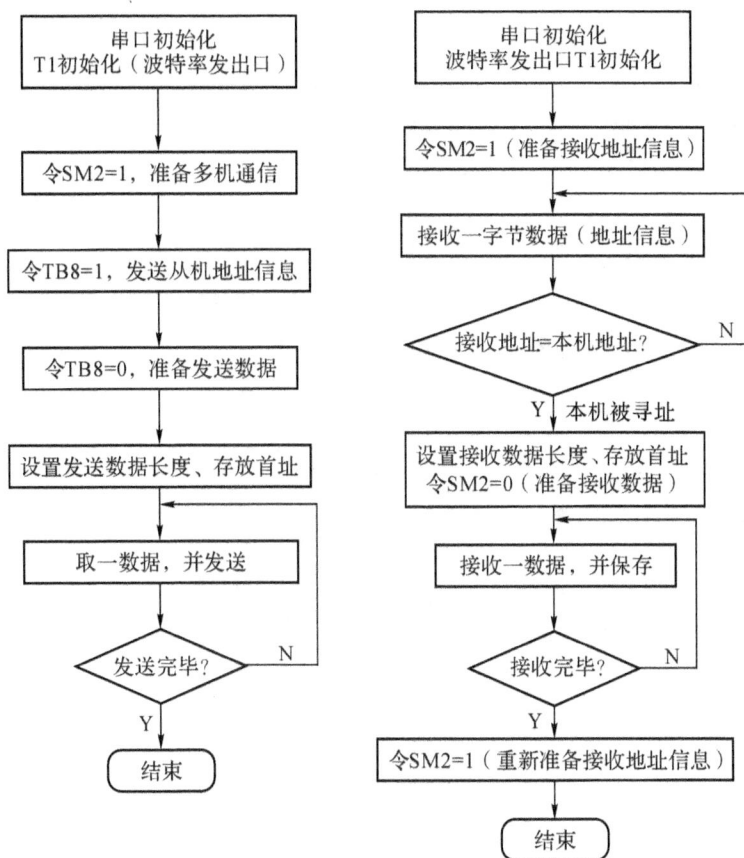

图 4-7　主机(左)、从机(右)程序流程

【参考程序(汇编)】

主机发送程序:

```
        ORG    0000H
        LJMP   MAIN
        ORG    0023H
        LJMP   SIOINT
        ORG    0100H
MAIN:   MOV    DPTR,＃2000H
        MOV    TMOD,＃20H        ;T1 工作方式 2
        MOV    TH1,＃0FDH
```

```
        MOV     TL1,#0FDH;
        MOV     PCON,#00H        ;波特率为 9600bps
        CLR     ET1              ;关 T1 中断
        CLR     ES               ;关串行中断
        SETB    EA               ;CPU 开中断
        SETB    TR1              ;启动 T1 波特率发生器
        MOV     SCON,#0C0H       ;串行方式 3
        SETB    TB8              ;TB8 = 1,表示发送地址
        MOV     SBUF,#06H        ;先发从机的地址
W1:     JNB     TI,W1            ;等待发送结束
        CLR     TI               ;清标志
        SETB    ES               ;开串行中断
        CLR     TB8              ;TB8 = 0,准备发送数据
        MOV     R2,#0FFH         ;置计数器初值
        MOVX    A,@DPTR          ;发送第一字节
        MOV     SBUF,A
        SJMP    $                ;主程序(响应中断,发送后续数据)
```

串口发送中断程序:

```
SIOINT: CLR     TI               ;清发送结束中断标志
        DJNZ    R2,W3            ;判断 255 个数据是否发送完毕
        SJMP    W4
W3:     INC     DPTR
        MOVX    A,@DPTR          ;继续发送
        MOV     SBUF,A
W4:     RETI                     ;中断返回
```

从机接收程序(用中断方式):

```
        ORG     0000H
        LJMP    MAIN
        ORG     0023H
        LJMP    SIOINT
        ORG     0100H
MAIN:   MOV     TMOD,#20H
        MOV     TH1,#0FDH
        MOV     TL1,#0FDH
        MOV     PCON,#00H        ;波特率 = 9600bps
        SETB    EA
        CLR     ET1
```

```
        SETB    ES
        SETB    TR1
        MOV     SCON,♯0F0H      ;REN=1,方式3,SM2=1则接收地址信息
        MOV     R2,♯0FFH        ;设置数据个数
        MOV     DPTR,♯1000H     ;接收数据存放首址
HERE:   SJMP    HERE
```

串口接收中断程序：

```
SIOINT: MOV     C,RB8
        JNC     data            ;C=0表示收到的是数据
        MOV     A,SBUF          ;接收地址信息
        CJNE    A,♯06H,nomy     ;不是本机地址,返回
        CLR     SM2             ;是本机地址(本机被寻址),清SM2,准备接收数据
nomy:   CLR     RI
        RETI


data:   MOV     A,SBUF          ;收到的是数据
        MOVX    @DPTR,A         ;存到DPTR为地址的外部数据RAM
        INC     DPTR
        CLR     RI              ;清接收中断标志
        DJNZ    R2,AGAIN        ;判断是否收完
        SETB    F0              ;置接收完标志
AGAIN:  RETI
```

【参考程序(C51)】
主机发送程序：

```c
♯include <reg51.h>                  //头文件引用
♯define uchar unsigned char         //宏定义
uchar send_buffer[255]={0,1,2,3…};  //发送数据缓冲区
//主程序
void main (void)
{
    TMOD = 0x20;                    //定时器1工作方式2
    TH1 = 0xfd;
    TL1 = 0xfd;                     //波特率为9600bps
    PCON = 0;
    SCON = 0xc0;                    //串口工作于方式3
    TR1 = 1;                        //开启定时器
    ET1 = 0;
```

```
        EA = 1;
        ES = 0;
        TI = 0;
        TB8 = 1;                        //发送地址帧
        SBUF = 0x06;
        while(! TI);
        TI = 0;
        ES = 1;
        TB8 = 0;                        //发送数据
        uchar i = 0;
        SBUF = send_buffer[i];
        while(1)
        {
            if (i> = 255)
            ES = 0;
        }
}
//串口发送中断服务程序
void send( ) interrupt 4
{
    TI = 0;
    i ++ ;
    SBUF = send_buffer[i];
}
```

从机接收程序：

```
# include <reg51.h>                //头文件引用
# define uchar unsigned char       //宏定义
uchar receive_buffer[255] = {0};    //数据接收缓冲区
//主程序
void main (void)
{
    TMOD = 0x20;                    //定时器 1 工作方式 2
    TH1 = 0xfd;
    TL1 = 0xfd;                     //波特率为 9600bps
    PCON = 0;
    SCON = 0xf0;                    // REN = 1,方式 3,SM2 = 1 则接收地址信息
    TR1 = 1;                        //开启定时器
    ET1 = 0;
```

```
    EA = 1;
    ES = 1;
    uchar i = 0;
    while(1)
    {
        if ( i > = 255)
        ES = 0;
    }
}
//串口中断服务程序
void send( ) interrupt 4
{
    if(RB8 == 1)                      //接收地址信息
    {
        if(SBUF == 0x06)
        {
            SM2 = 0;                  //是本机地址(本机被寻址),清 SM2,准备接收数据
        }
        RI = 0;
    }
    else                             //接收数据
    {
        receive_buffer[ i] = SBUF;
        i ++ ;
        RI = 0;
    }
}
```